極簡烹飪教室 3
米麵穀類、蔬菜與豆類

How to Cook Everything The Basics:
All You Need to Make Great Food
Pasta and Grains, Vegetables and Beans

馬克‧彼特曼
Mark Bittman

目錄

如何使用本書 — 4

為何要下廚？ — 7

麵食和穀類 Pasta and Grains — 9

義式麵食的基本知識 — 10

蒜香義大利麵 Pasta with Garlic and Oil — 12

乳酪蛋義大利麵 Pasta with Eggs and Cheese — 14

番茄義大利麵 Pasta with Tomato Sauce — 16

番茄醬汁的變化作法 — 18

青花菜香腸義大利麵 Pasta with Broccoli and Sausage — 20

青醬全麥義大利麵 Whole Wheat Pasta with Pesto — 22

乳酪通心粉 Shortcut Macaroni and Cheese — 24

肉醬千層麵 Meaty Lasagne — 26

亞洲麵食的基本知識 — 28

花生醬涼麵 Cold Noodles with Peanut Sauce — 30

泰式蝦仁炒麵 Thai-Style Noodles with Shrimp — 32

米的基本知識 — 34

香味飯（可家常可豪華） Rice Pilaf, Plain and Fancy — 36

炒飯 Fried Rice — 38

帕瑪乳酪奶油義大利燉飯 Risotto with Butter and Parmesan — 40

雞肉香腸西班牙燉飯 Paella with Chicken and Sausage — 42

穀類的基本知識 — 44

生薑辣椒藜麥香味飯 Quinoa Pilaf with Ginger and Chiles — 48

布格麥佐菲達乳酪和蝦子 Bulgur with Feta and Shrimp — 50

蘑菇玉米糊 Polenta with Mushrooms — 52

蔬菜和豆類 Vegetables and Beans — 55

蔬菜的基本知識 — 56

水煮青菜 Boiled Greens — 58

清蒸蘆筍 Steamed Asparagus — 60

生薑炒甘藍 Stir-Fried Cabbage with Ginger — 62

迷迭香烤馬鈴薯 Rosemary-Roasted Potatoes — 64

烤番茄 Grilled or Broiled Tomatoes — 66

楓糖漿蜜汁胡蘿蔔 Maple-Glazed Carrots — 68

煎蘑菇 Pan-Cooked (Sautéed) Mushrooms — 70

焦糖洋蔥 Caramelized Onions — 72

馬鈴薯泥 Mashed Potatoes — 74

辣椒奶油玉米 Corn on the Cob with Chile Butter — 76

酥脆紅蔥四季豆 Green Beans with Crisp Shallots — 78

蒜味甘薯 Garlicky Sweet Potatoes — 80

咖哩白胡桃瓜 Curried Butternut Squash — 82

油煎粉茄 Panfried Breaded Eggplant — 84

藍紋乳酪焗烤花椰菜 Cauliflower Gratin with Blue Cheese — 86

櫛瓜煎餅 Zucchini Pancakes — 88

豆類的基本知識 — 90

快炒豆子佐番茄 Quick Skillet Beans with Tomatoes — 92

普羅旺斯風味鷹嘴豆 Chickpeas, Provençal Style — 94

西班牙風味小扁豆佐菠菜 Spanish-Style Lentils with Spinach — 96

燉烤黑豆佐米飯 Baked Black Beans with Rice — 98

豆堡排 Bean Burgers — 100

13 種場合的菜單準備 — 102

極簡烹飪技法速查檢索 — 104

重要名詞中英對照 — 106

換算測量單位 — 107

如何使用本書

《極簡烹飪教室》全系列不只是食譜,更含有系統性教學設計,可以簡馭繁,依序學習,也可運用交叉參照的設計,從實作中反向摸索到需要加強的部分。

基礎概念建立

料理的知識廣博如海,此處針對每一類料理萃取出最重要的基本知識,為你建立扎實的概念,以完整發揮在各種食譜中。

番茄醬汁的變化作法

食譜名稱

本系列精選的菜色不僅是不墜的經典、深受歡迎的必學家庭料理,也具備簡單靈活的特性,無論學習與實作都能輕易上手,獲得充滿自信心與成就感的享受。

簡單介紹

一眼讀完的簡單開場,讓你做好心理準備,開心下廚!

食材

這道菜所需要的材料分量,及其形態或使用性質。

補充說明

提醒特別需要注意的細節。

基本步驟

以簡約易懂的方式,引導你流暢掌握時間程序,學會辨識熟度、拿捏口味,做出自己喜歡的美味料理。

乳酪通心粉

Shortcut Macaroni and Cheese

時間:大約 1 小時(多數時間無需看顧)
分量:4~6 人份

豐富滑潤,表面還有漂亮的褐色和嚼勁,市售盒裝加工料理絕對比不上。

- 6 大匙(¾ 條)奶油,讓奶油軟化
- 鹽
- 2½ 杯牛奶
- 2 片月桂葉
- 450 克管狀麵、彎管麵或其他短麵
- 3 大匙中筋麵粉
- 180 克風味鮮明的切達乳酪,刨碎(約 1½ 杯)
- 新鮮現磨的黑胡椒
- ½ 杯新鮮刨削的帕瑪乳酪
- ½ 杯麵包粉,最好是新鮮的

1. 烤箱預熱到 200℃,並把 2 大匙奶油塗在寬 23 公分、長 33 公分的烘焙烤盤上。另外準備湯鍋煮水,加鹽。

2. 牛奶和月桂葉放入小型醬汁鍋裡,開中小火。等到鍋子邊緣開始出現沸騰的小氣泡(大約的煮了 5 分鐘),熄火靜置備用。

3. 水滾下麵,煮到剛開始變軟,但麵心還又生又硬的程度。麵煮 3 分鐘後開始試吃、檢查熟度。水瀝掉,立即用冷水沖洗,不讓餘熱繼續加熱。

注意鍋子邊緣,剛開始產生蒸汽並冒出小氣泡就可以了。

牛奶調味 加熱牛奶,但不要劇烈沸騰。加入香料植物或辛香料浸泡,無論加哪一種材料都可以讓牛奶增添美好風味。

重點圖解

重要步驟特以圖片解說,讓你精準理解烹飪關鍵。

極簡小訣竅

烹飪步驟中可進一步學習的知識或技巧，會在此處介紹。

變化作法

可滿足不同口味喜好，也是百變料理的靈感基礎。

延伸學習

每道菜都包含重要的學習要項，若擁有一整套六冊，便可在此參照這道菜的相關資訊，讓你下廚更加熟練。*

月桂葉。將 ⅓ 的麵
裡，撒上一半的麵
易的），並拿剩餘
椒，再蓋上 ½ 杯切
鹽和胡椒。

複鋪上，直到鋪完
放剩餘的切達乳酪
上麵包粉。把熱牛
烤箱，烘焙到開始
成褐色，約 30~40

把麵咬開或折斷時，麵
心還白白粉粉的。

極簡小訣竅

◗ 大多數乳酪通心粉食譜都是從乳酪醬做起，其實若只是把麵和融化的乳酪拌在一起，你很難期待醬汁變得濃稠、滑順又不發黏。這個極簡作法省去一個步驟，並讓麵條烘焙時產生濃郁細緻的醬汁。

變化作法

◗ 短麵條可以好好抓住醬汁，最適合這道食譜。最常用的是彎管麵，不過還是可以嘗試貝殼麵、圓管麵、螺旋麵、管狀麵、貓耳朵麵或蝴蝶麵。

◗ 在這裡，你會想要吃到風味濃郁、濃稠滑順的的融化乳酪。除了切達乳酪，也可以考慮愛蒙塔爾乳酪、格呂耶爾乳酪、蒙契格乳酪或芳汀那乳酪。

延伸學習

義式麵食的基本知識	B3:10
烤盤抹上奶油	B5:26
適於烹煮的乳酪	B5:17
刨碎乳酪	B3:14
新鮮麵包粉	B5:14

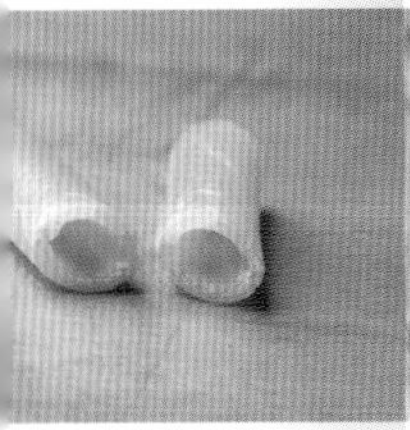

熟透　你不會想吃這
的麵條，但等一下還
。那時就會完全烤

奶油點綴　就是把小塊小塊的奶油放在表面上，像是一個個小圓點圖案。

一層層鋪上　鋪到第三層時，烤盤已經裝得相當滿。

淋上牛奶時，可以聞到月桂葉的香氣。

麵食和穀類　25

* 代號說明：
本系列為 5 冊 + 特別冊，B1 代表第 1 冊，B2 為第 2 冊……B5 為第 5 冊，S 為特別冊。

為何要下廚?

現今生活,我們不必下廚就能吃到東西,這都要歸功於得來速、外帶餐廳、自動販賣機、微波加工食品,以及其他所謂的便利食物。問題是,就算這些便利的食物弄得再簡單、再快速,仍然比不上在家準備、真材實料的好食物。在這本書裡,我的目標就是要向大家說明烹飪的眾多美好益處,讓你開始下廚。

烹飪的基本要點很簡單,也很容易上手。如同許多以目標為導向的步驟,你可以透過一些基本程序,從A點進行到B點。以烹飪來說,程序就是剁切、測量、加熱和攪拌等等。在這個過程中,你所參考的不是地圖或操作手冊,而是食譜。其實就像開車(或幾乎任何事情都是),所有的基礎就建立在你的基本技巧上,而隨著技巧不斷進步,你會變得更有信心,也越來越具創造力。此外,就算你這輩子從未拿過湯鍋或平底鍋,你每天還是可以(而且也應該!)在廚房度過一段美好時光。這本書就是想幫助初學者和經驗豐富的廚子享有那樣的時光。

在家下廚、親手烹飪為何如此重要?

▶ **烹飪令人滿足**　運用簡單的技巧,把好食材組合在一起,做出的食物能比速食更美味,而且通常還能媲美「真正的」餐廳食物。除此之外,你還可以客製出特定的風味和口感,吃到自己真正喜歡的食物。

▶ **烹飪很省錢**　只要起了個頭,稍微花點成本在基本烹飪設備和各式食材上,就可以輕鬆做出各樣餐點,而且你絕對想不到會那麼省錢。

▶ **烹飪能做出真正營養的食物**　如果你仔細看過加工食品包裝上的成分標示,就知道它們幾乎都含有太多不健康的脂肪、糖分、鈉,以及各種奇怪成分。從下廚所學到的第一件事,就是新鮮食材本身就很美味,根本不需要太多添加物。只要多取回食物的掌控權,並減少食用加工食品,就能改善你的飲食和健康。

▶ **烹飪很省時**　這本書提供一些食譜,讓你能在30分鐘之內完成一餐,像是一大盤蔬菜沙拉、以自製番茄醬汁和現刨乳酪做成的義大利麵、辣肉醬飯,或者炒雞肉。備置這些餐點所需的時間,與你叫外送披薩或便當然後等待送來的時間,或者去最近的得來速窗口點購漢堡和薯條,或是開車去超商買冷凍食品回家微波的時間,其實差不了多少。仔細考慮看看吧!

▶ **烹飪給予你情感和實質回饋**　吃著自己做的食物,甚至與你所在乎的人一同分享,是非常重要的人類活動。從實質層面來看,你提供了營養和食物,而從情感層面來看,下廚可以是放鬆、撫慰和十足快樂的事,尤其當你從忙亂的一天停下腳步,讓自己有機會專注於基本、重要又具有意義的事情。

▶ **烹飪能讓全家相聚**　家人一起吃飯可以增進對話、溝通和對彼此的關愛。這是不爭的事實。

我還沒見過哪個人不喜歡撫慰人心的澱粉料理，基本上就是義式麵食、亞洲麵食、米飯和穀類。即使在「低醣」席捲世界，大家瘋狂改吃肉、蛋和乳酪時，有誰開開心心地放棄澱粉主食？沒有，正因如此，這類風潮才無法持久，缺少碳水化合物的生活無聊到難以忍受。

而且也不聰明。全穀物澱粉（包括全麥的義大利麵、麵條，以及糙米）富含纖維、維生素和礦物質，即使是營養成分沒那麼高的碳水化合物，像是精製過的麵食和米食，也仍是健全飲食的要角。

無論如何，大家都愛澱粉。而且，烹煮義式麵食和穀類幾乎就像把水煮滾一樣簡單，唯一的訣竅是要學會判斷（和預先掌握）煮熟過程的各個階段。此外，觀察這些食物在水中烹煮時如何改變顏色，也有助於學習更複雜的烹飪技巧和食譜。

這一章先介紹的義式麵食和醬汁，不需 30 分鐘就可以拌在一起端上桌，而且打敗任何一種罐裝加工品。接著介紹一些簡單的技術和充滿風味的攪拌法，可以做出許多傳統和沒那麼傳統的米食與穀類料理。你會學到如何快速組合一堆食材、烹煮簡單的亞洲麵食，以及輕輕鬆鬆以一盤主食解決一餐，美味的程度不輸大多數餐廳，烹煮速度也和外帶食物不相上下。

事實上，一旦你開始在家裡烹煮義式麵食和穀類，可能就會對去外面吃這類食物考慮再三，而我幾乎可以保證，你再也不需要把錢花在盒裝食品或冷凍加工食品上。

麵食和穀類

Pasta and Grains

義式麵食的基本知識

如何煮義大利麵

用湯鍋把水煮滾，加鹽　估計每 450 公克的麵條至少要 4 公升水（16 杯，但不需要精確測量，只要加很多水就好），否則麵條會黏在一起。用 8 公升湯鍋最合適，大約注入三分之二鍋的水，然後開大火。為了增添風味，也避免麵條黏在一起，請加入幾大撮鹽（每 4 公升的水大約加入 2 大匙鹽）。而且不要在煮麵水裡加入油，那會讓醬汁無法好好附著在麵條上，醬汁也會變得黏稠。

水煮滾後，加入麵條並攪動　為了不讓麵條一碰到水就黏在一起，請在長長的麵條變軟時用夾子或木匙不斷撥動，或用有孔漏勺攪動短麵條。等水再次滾沸，調整火力，使水活躍沸騰冒泡，但不至於滿出來。煮麵條的過程中要不斷攪動。

5 分鐘後開始試吃　用有孔漏勺或夾子小心撈出一根麵條，吹吹氣，讓麵條稍微冷卻，咬一口，觀察麵條內部。每隔 1 分鐘左右試吃另一條。如果麵條還是有點韌，但已經不硬，且內部不再白白粉粉的，表示已經煮好，可以瀝乾了。等一下放入醬汁後，餘熱還會繼續煮熟麵條。

把整道料理組合起來　舀出煮麵水，至少 1 杯，剩下的瀝掉。麵條最好保持一點濕度（千萬不要沖洗！），因此在濾器上瀝幾秒鐘就好。此時麵條已經準備就緒，可以和熱騰騰的醬汁拌在一起了，若再加一點剛才留下的煮麵水會比較濃稠。夾子很適合用來處理長麵條，湯匙則適合舀短麵條。

加入醬汁並輕拌混合

煮義式麵食最好（也最可靠）的方法，是用一點煮麵水把醬汁和麵條結合起來，原理是煮麵水可以包覆麵條、增添香味，並釋出所含的澱粉，增加潤稠度。如果你喜歡醬汁多一點，把麵以外的食材全部增加為 2 倍分量。

用新鮮的麵條好不好？

自己做新鮮的麵條並不難，但需要多一點耐心，而大多數的烹飪新手恐怕沒有這樣的耐心。不過可以用買的，最好是從新鮮現做的商店或餐廳購買（千萬離超市商品遠一點）。新鮮麵條可以取代本書任一食譜裡的乾燥麵條，放入沸水 1 分鐘後，就要開始試吃、檢查熟度。

煮好了沒？

義大利麵的煮熟時間各不相同，端看形狀、製造商和儲存條件而定。要知道麵條是否煮熟了，唯一的方法是試吃。以下介紹麵條內部在各個階段的變化。

還沒煮好的麵條：內部還很硬，且白白粉粉的，需要在沸騰狀態下再多煮幾分鐘才能拌醬汁，不過已經很適合用來做焗烤。

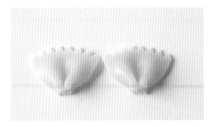

咬下去時出現阻力，且內部還留有一點堅韌。義大利人稱這種質地為「彈牙」，我則稱之為「嚼勁」，指的都是微軟但毫不軟爛。

煮過頭了：膨脹了，且開始失去原本的形狀。就算還不到軟爛，等到一瀝乾、拌上醬汁、端上桌，就軟爛了。

蒜香
義大利麵

Pasta with Garlic and Oil

時間：20~30 分鐘

分量：4 人份

絕對的經典，一定讓你愛不釋口。

· **鹽**
· ⅓ 杯橄欖油，可視需要多加
· 2 大匙大蒜末
· 乾辣椒碎片，視口味而定，非必要
· 450 克細長條的義大利麵，如義大利麵條或細扁麵
· ½ 杯切碎的新鮮歐芹，非必要

1. 湯鍋裡加水煮滾，加鹽。把橄欖油、大蒜、辣椒（視喜好）和一撮鹽放入大型平底煎鍋或醬汁鍋內，開中小火。炒到大蒜剛要開始變成金色，但還沒有變成褐色，約 2~4 分鐘，然後關火靜置。

2. 等水煮滾，開始下麵，煮到麵條變軟但不軟爛，下水 5 分鐘後開始試吃、檢查熟度。麵煮好後，舀出至少 1 杯煮麵水留著，其餘水瀝掉。

3. 開中火加熱醬汁，偶爾攪拌一下，直到夠熱。把麵條倒入平底鍋內的醬汁中，同時倒入一些煮麵水，輕拌幾下，使醬汁完全包覆麵條，需要的話再多加一點橄欖油或煮麵水，讓醬汁稍微滑潤一點。嘗嘗味道，並用更多鹽或辣椒調味，如果要加歐芹，此時加入輕拌一下，就可以上桌了。

傾聽大蒜發出的滋滋聲，並觀察大蒜是否稍微膨脹了一點。

試吃一條麵，看看是否要多加一點鹽或辣椒，再試吃。

炒大蒜 保持小火，且不時搖晃鍋子並攪拌，以免大蒜燒焦變苦。視需要調整火力。

運用煮麵水 把所有材料輕拌在一起時，煮麵水裡的澱粉會和麵食結合，讓醬汁變得濃稠。如果輕拌時看起來有點乾，可多加一點橄欖油或煮麵水。

極簡小訣竅

▶ 傳統上用於這道羅馬料理的麵條，通常是細扁麵、義大利麵條或其他長條形麵條，不過用短麵條也同樣美味。

▶ 別被這道食譜的橄欖油用量嚇到。橄欖油會和煮麵水結合起來，變成簡單又美味的醬汁。況且，每一人份其實只含 1 大匙多一點的橄欖油。

▶ 傳統上這道料理不會加刨碎的乳酪，且乳酪可能會讓醬汁變得太乾。

變化作法

▶ **酸豆／橄欖／鯷魚義大利麵：** 大蒜與橄欖油一同拌炒時，加入 2 大匙酸豆或切成小塊的橄欖，也可加幾條油漬鯷魚，但千萬不要三種都加，會太鹹。

▶ **麵包粉義大利麵：** 步驟 1 多加 1 大匙橄欖油到煎鍋內與大蒜拌炒。上桌前最後一次攪拌麵條時，加入一點烤過或炸過的新鮮麵包粉。

延伸學習

義式麵食的基本知識	B3:10
切末大蒜	S:28
切碎香料植物	B1:46
新鮮麵包粉	B5:14

乳酪蛋
義大利麵

Pasta with Eggs and Cheese

時間：20~30 分鐘
分量：4 人份

可說是義大利人的療癒食物，加點培根就是經典的乳酪培根蛋義大利麵（Carbonara）。

- 鹽
- 3 顆蛋
- ½ 杯新鮮現刨的佩科利諾羅馬諾乳酪（羅馬綿羊乳酪）或帕瑪乳酪，可依喜好多加
- 450 克細扁麵或其他長型麵條
- 新鮮現磨的黑胡椒

1. 湯鍋煮水，加鹽。烤箱預熱至 90℃，放入大型耐熱碗，加熱 5 分鐘。耐熱碗變熱後，戴上隔熱手套取出，在堅硬平面上敲破蛋殼，將蛋打進耐熱碗。用叉子或手持式攪拌器打蛋，顏色變均勻後，拌入乳酪。

2. 等水煮滾，開始下麵，煮到麵條變軟但不軟爛，下水 5 分鐘後開始試吃、檢查熟度。麵煮好後，舀出至少 1 杯煮麵水留著，其餘水瀝掉。

3. 立刻將麵倒入碗裡，與蛋液輕拌混合，太乾（其實不太會）就加一點煮麵水。嘗嘗味道，依喜好多加一點鹽或乳酪，然後加入黑胡椒（建議多加一點），即可上桌。

注意握法，五根手指頭都離刨刀遠一點！

盡快撈起麵條拌入醬汁，否則乳酪不會融化。

刨碎乳酪 四面刨絲器的每一面都可刨出不同質地。把乳酪塊壓在想用的那一面，由上到下重複刷過孔洞。

使用刨刀 這種刨絲工具相當鋒利，刨出來的成果非常蓬鬆，很適合用來刨硬乳酪，如佩科利諾乳酪或帕瑪乳酪，但不適合刨較軟的乳酪。

與蛋液一起拌勻 趁熱將麵倒入蛋液裡，輕輕拌勻。餘溫會加熱蛋液，形成濃厚滑潤的醬汁。

極簡小訣竅

▶ 用生蛋作醬汁，聽起來有點怪，但溫熱的碗和熱呼呼的麵可以把蛋煮得很完美。

▶ 佩科利諾乳酪是風味鮮明、帶有鹹味的義大利乳酪，由綿羊奶製成（原文 pecorino，pecora 指的就是綿羊）。分量端視口味而定。如果覺得風味太強烈，可以用帕瑪乳酪取代。

▶ 傳統上是用長麵條來搭配這樣的滑順醬汁，但短麵條也很容易拌。只要你喜歡的都可以運用。

變化作法

▶ 端上桌前再拌入 1 杯新鮮青豆仁，或解凍的冷凍青豆仁也可以。

▶ 也可以在上桌前拌入 ½ 切小塊的培根或義式乾醃火腿。

▶ **特濃乳酪蛋義大利麵**：在步驟 1，最多加入 ¼ 杯鮮奶油與蛋和乳酪混合。

▶ **乳酪培根蛋義大利麵**：可以買義大利培根（鹹鹹的、醃製且碾壓過的豬五花肉），如果找不到，可用一般培根。把 120 克的培根切小塊煎一下。把煎得酥脆的義大利培根或普通培根（喜歡的話也可以加點鍋底的油汁）與麵和蛋液拌在一起，即可上桌。

延伸學習

義式麵食的基本知識　　　　　B3:10

蛋的基本知識　　　　　　　　B1:18

番茄
義大利麵

Pasta with Tomato Sauce

時間：25~30 分鐘

分量：4 人份

你會發現，再也沒有理由買瓶裝的義大利麵醬了。

· 鹽
· 3 大匙橄欖油，可視需要多加
· 1 顆中型洋蔥，切小塊
· 1 個 800 克的切塊番茄罐頭，含汁液
· 新鮮現磨的黑胡椒
· 450 克任何一種義大利乾麵條
· ½ 杯新鮮現刨的帕瑪乳酪，多準備一點裝飾用
· ½ 杯切碎的新鮮羅勒葉，裝飾用，非必要

1. 湯鍋煮水，加鹽。橄欖油倒入大型平底煎鍋，開中大火，油一燒熱，放入洋蔥拌炒到變軟，約 2~3 分鐘。加入番茄，撒一點鹽和黑胡椒。

2. 調整火力，讓醬汁煮滾冒泡，攪拌到番茄散開變稠，質地也變得比較均勻，約 10~15 分鐘。嘗嘗味道並調味，同時調整火力，讓番茄醬汁維持熱度但不滾沸。

3. 等水煮滾，開始下麵，煮到麵條變軟但不軟爛，下水 5 分鐘後開始試吃、檢查熟度。麵煮好後，舀出至少 1 杯煮麵水留著，其餘水瀝掉。

4. 麵和少量煮麵水加入煎鍋裡的醬汁，輕拌一下，讓麵裹上醬汁，需要的話多加一點油或煮麵水，讓醬汁稍微滑潤一點。嘗嘗味道並調味，喜歡的話可以多加一點油，然後拌入乳酪，若要加羅勒也在這時加入。上桌時可多準備一點乳酪。

注意火力，持續攪拌，確定醬汁沒有黏在鍋底燒焦。

做醬汁：洋蔥一炒軟就加入番茄。

開始變濃稠：5 分鐘後，番茄會開始散開，醬汁也變得濃稠。

完全濃稠：等到番茄散開，醬汁也不再稀薄，就完成了。醬汁最好黏稠得很均勻，但又留下一些塊狀番茄。

極簡小訣竅

▶ 在等水煮滾以及麵煮熟的時候，可以從頭再做一批番茄醬汁。

▶ 無論罐頭、盒裝或瓶裝的切塊番茄，用起來都超級方便。就是別買番茄糊或番茄濃湯，這兩種的水分都太多了。

▶ 含有整顆番茄的罐頭會讓你做出更有番茄肉的醬汁，也很容易處理。一開始取出番茄，留下罐頭的汁液，你可能需要這些汁液來稀釋醬汁，若沒用到，喝掉也行。不需要去蒂頭，但可以先將刀子伸入罐頭內，把番茄切散。

▶ 做更多醬汁冷凍備用：同步驟 (2) 的製作，只是橄欖油、洋蔥、番茄、鹽和胡椒都增加成 2 倍。一半醬汁放涼，裝入密封容器冷凍，可保存 6 個月。解凍時，可用鍋子以小火慢慢加熱，或先放冷藏一夜，也可直接用微波爐解凍。

延伸學習

義式麵食的基本知識	B3:10
切碎洋蔥	S:27
刨碎乳酪	B3:14
切碎香料植物	B1:46
番茄醬汁的變化作法	B3:18

番茄醬汁的變化作法

香料植物番茄醬汁 上桌前,把以下任何一種香料植物拌入醬汁即成。¼~½ 杯切碎的新鮮羅勒、歐芹、蒔蘿或薄荷;10 片新鮮的鼠尾草葉;1 大匙切碎的新鮮迷迭香、奧勒岡或墨角蘭(若是乾燥的則加 1 茶匙);2 茶匙切碎的新鮮百里香(乾燥的為 ½ 茶匙);或 ½ 茶匙切碎的新鮮龍蒿(乾燥的為 ¼ 茶匙)。

蔬菜番茄醬汁 把手邊的任何隔夜蔬菜切小塊(燒烤過的蔬菜特別棒),上桌前與醬汁一起加熱。如果手邊沒有隔夜菜,把生的茄子、櫛瓜、花椰菜、青花菜或燈籠椒切成 2 杯的分量。在步驟 1,這些蔬菜單獨用橄欖油炒過,炒到軟嫩,約需 10~15 分鐘,如果開始變得太乾,可多加一點油到煎鍋裡。用有孔漏勺把蔬菜舀出來,在煎鍋裡放入洋蔥,再接食譜後續步驟。等到醬汁幾乎完成,把蔬菜倒回去,炒到熱透。

辣番茄醬汁 不要加洋蔥,步驟 1 只放 1 大匙大蒜末與橄欖油拌炒,並加入 1 根、3 根或 5 根(可多到 10 根,如果你喜歡非常辣)小條的曬乾紅辣椒,或一大撮乾辣椒碎片。拌炒到大蒜變褐(顏色很深,但不要燒焦),

關火靜置 1 分鐘,加入番茄,再接著後續步驟。上桌前把整根辣椒夾出來。

新鮮蘑菇番茄醬汁 取 450 克修整過的蘑菇(或任一種菇類)切薄片,與洋蔥拌炒到蘑菇縮小,所含水分也完全蒸散,約 5~10 分鐘(方法可見第 3 冊 70 頁)。加入番茄,接著後續步驟。

乳酪番茄醬汁 上桌前,加入 1 杯切丁的新鮮莫札瑞拉乳酪攪拌均勻,或用 ½ 杯瑞可達乳酪或山羊乳酪做出比較滑潤、溫和的醬汁。

煙花女醬汁 不要加洋蔥,步驟 1 放入 1 大匙的大蒜末與橄欖油拌炒,同時加入幾條油漬鯷魚。拌炒時稍微把鯷魚壓碎,等醬汁煮好再加鹽。加入番茄前,取 2 大匙瀝乾的酸豆(喜歡的話也可加一撮紅椒粉)及 ½ 杯去核的油漬黑橄欖加入攪拌。

番茄肉醬汁 一開始拌炒橄欖油和洋蔥時,同時加入至多 450 克的絞肉,牛肉、豬肉、羊肉、雞肉或火雞肉皆可,炒到變成褐色,約 5~10 分鐘,然後加入番茄。也可以用香腸,邊炒邊戳成小塊。調整火力,把肉炒成褐色,但不要燒焦。

肉丸義大利麵 作好肉丸(見第 4 冊 28 頁),然後加入步驟 2 的醬汁。攪拌時要輕,以免弄破肉丸。

海鮮番茄醬汁 醬汁一煮好,拌入最多 450 克的蝦仁、蟹肉塊,或處理乾淨並切小塊的烏賊或干貝。火轉小,使醬汁溫和冒泡,蓋上鍋蓋,把海鮮煮熱,約 1~5 分鐘。也可以用 180 克的油漬鮪魚罐頭,與番茄一起加到煎鍋裡。

新鮮番茄醬汁 比起使用罐頭番茄,這要多花幾分鐘準備。如果要做果肉豐富的醬汁,請用羅馬番茄(李子番茄)。切片番茄的風味比較鮮明,質地也比較細緻。也可以用剖半的小番茄,只要不在意外皮的嚼感就好,但是這種番茄永遠不會與醬汁融合得那麼好。無論用哪一種番茄,每道食譜大約要用上 900 克。不值得花工夫去皮或去籽,但我一定會去掉蒂頭。如果想去籽,先把番茄剖半,羅馬番茄用縱切,若用番茄切片器則橫切,接著把飽含汁液的內部輕輕擠出來。最後切成 2.5 公分的小塊,接著後續步驟。

蘑菇，切成薄片加入醬汁

以新鮮的百里香製作
香料植物醬汁

以新鮮的莫札瑞拉乳
酪製作乳酪番茄醬汁

製作煙花女醬
汁的食材

青花菜香腸義大利麵

Pasta with Broccoli and Sausage

時間：40 分鐘
分量：4 人份

這種醬汁，及其無數變化，可能是我最常做的醬汁。

- 鹽
- 450 克青花菜
- ¼ 杯橄欖油，可視需要多加
- 1 大匙大蒜末，可依喜好多加
- 225 克義大利香腸（2~3 條），切小塊
- 450 克的義麵條，如貓耳朵麵、尖管麵、圓管麵或蝴蝶麵
- 新鮮現磨的黑胡椒
- ½ 杯新鮮刨碎的帕瑪乳酪，可多備一點，吃的時候附上

1. 湯鍋煮水，加鹽。修整青花菜，切成一塊塊後，放入湯鍋煮。

2. 同一時間把橄欖油放入大型平底煎鍋內，開中小火。油燒熱後，放入大蒜和香腸，偶爾攪拌，直到大蒜散發香氣，香腸也煎成漂亮的褐色，約 5 分鐘。將香腸移出煎鍋，關火。

3. 青花菜放入水中 5 分鐘後開始查看，要完全煮軟，但不要變爛，可能要煮 10 分鐘。用有孔漏勺或小濾網把青花菜撈出瀝乾，放入煎鍋（湯鍋的水繼續沸騰）。

4. 用中大火翻炒青花菜，並以馬鈴薯搗碎器稍微壓碎，直到煮得相當軟且散開。需要的話可以加入 1~2 大匙滾水，把青花菜煮得更軟。同時把麵放入滾水，煮到變軟但不軟爛，放入 5 分鐘後開始試吃、檢查熟度。

5. 麵煮好後，舀出至少一杯煮麵水，其餘水瀝掉。把麵食、香腸和一些煮麵水加入青花菜，輕拌混勻，視需要多加一些煮麵水或橄欖油，讓醬汁更滑潤一些。嘗嘗味道並調味，加入大量黑胡椒與帕瑪乳酪，輕拌一下即成，上桌前再多備一些乳酪。

不用太苛求，還留有一點外皮也沒關係。

修整青花菜 切除乾掉的部分，摘掉葉子，用銳利的刀子或蔬菜削皮器削掉莖部的粗韌外皮。

莖部切塊 把莖部切成大致同樣大小的塊狀，煮起來比較均勻。

極簡小訣竅

▶ 橄欖油可以增加醬汁的厚度和風味,用時別手軟。事實上,麵食與醬汁一起輕拌時,我還會多加 1~2 大匙橄欖油,以增添濃郁、濕度和風味。

變化作法

▶ **青花菜義大利麵:** 不加香腸,從步驟 1 直接跳到步驟 3。

▶ **5 種蔬菜義大利麵,香腸可加可不加:** 同樣用這道食譜,以下列蔬菜取代青花菜,記得調整沸煮時間。

1. 羽衣甘藍、綠葉甘藍或甘藍,煮 5~10 分鐘。

2. 花椰菜(這非常美味),煮 10~12 分鐘。

3. 球花甘藍和蘆筍,煮 3~5 分鐘。

4. 切小段的闊葉莙菜、菠菜或芝麻菜,煮 1 分鐘。

5. 蘑菇不需要沸煮,只要修整並切片,與大蒜和煎成褐色的香腸一起拌炒到水分收乾,約 5~10 分鐘。

延伸學習

切末大蒜	S:28
香腸的種類	B4:35
豬肉的基本知識	B4:30
義式麵食的基本知識	B3:10
刨碎乳酪	B3:14

切下花蕾 摘折或切開花蕾球,成一塊塊適口(或稍大一點)的小花蕾。

完成醬汁 把青花菜稍微壓碎,在醬汁中散開,然後從湯鍋舀一些滾水加入攪拌,以免醬汁太乾。

青醬全麥義大利麵

Whole Wheat Pasta with Pesto

時間：20~30 分鐘

分量：4 人份

青醬可以說是萬用醬汁，從蔬菜、肉類到魚類都是絕佳搭配。

- 鹽
- 2 杯裝得鬆鬆的新鮮羅勒葉
- 1 瓣大蒜，可依喜好多加
- 2 大匙松子
- ½ 杯橄欖油，可依喜好多加
- ½ 杯新鮮現刨的帕瑪乳酪，再多備一些裝飾用
- 450 克任一種全麥義大利麵

1. 湯鍋煮水，加鹽。把羅勒、一撮鹽、大蒜、松子和大約一半分量的橄欖油放入食物調理機或果汁機，按下開關，中間停下幾次，把附著在邊邊的刮下來，並慢慢加入剩餘的橄欖油，繼續攪打到滑順、濃稠。如果使用食物調理機，這時把刀片移開，將乳酪攪拌進去。

2. 水滾即可下麵，煮到變軟但不軟爛，煮 5 分鐘後開始試吃、檢查熟度。幾乎煮好時，舀出一點煮麵水，加入青醬內攪拌稀釋。開始先加 1 大匙，不夠再加才不會加過頭。青醬要調製成可以黏在湯匙背面的稠度。

3. 麵煮好後，舀出至少 1 杯煮麵水，其餘水瀝掉。麵倒回湯鍋，加入青醬快速輕拌，視需要加一點煮麵水，讓麵裹上醬汁。嘗嘗味道並調味，再依喜好放上一點刨碎的乳酪裝飾，即可上桌。

此時的香氣非常美妙。

修整羅勒葉 羅勒洗淨（經常帶有沙子），從粗韌的莖枝扒下葉子，估測分量（包含幾根細莖枝也沒關係）。

攪打青醬 用食物調理機攪打，過程中慢慢加入橄欖油，達到滑順、均勻的質地後，把刀片移開。

極簡小訣竅

▶ 我很喜歡全麥麵搭配青醬的濃郁口感和風味,但你當然可以用你喜歡的一般義條,任何形狀都很好。

▶ 羅勒青醬要保存在密閉容器內,可以冷藏幾天,也可以冷凍幾個月。(但為何要等那麼久才吃?)為了讓醬汁保持新鮮風味,乳酪留到食用前再加,保存時,最好在表面淋上一層橄欖油。

變化作法

▶ 用風味較清淡的香料植物製作青醬,如胡荽、歐芹、薄荷、細香蔥,或綜合幾種香料植物。如同使用羅勒,只選狀況最好的葉子和嫩莖。

▶ 佩科利諾羅馬諾乳酪(比帕瑪乳酪鹹一點)也很適合製作青醬。若不用硬乳酪,可試試山羊乳酪、菲達乳酪或瑞可達乳酪。完全不加乳酪也行。

▶ 改用松子以外的堅果(核桃或美洲山核桃都很不錯),或如果要讓青醬的堅果味更濃郁,可把堅果的用量增加到 1 杯,羅勒則減到 ½ 杯。

延伸學習

義式麵食的基本知識　　　　B3:10
壓碎大蒜並去皮　　　　　　B3:87
刨碎乳酪　　　　　　　　　B3:14

檢查質地　拌入乳酪後,質地變得相當濃厚,有點像優格。

製成醬汁　加入煮麵水,讓青醬的口感宛如非常濃的鮮奶油,這正適合拌麵。

乳酪通心粉

Shortcut Macaroni and Cheese

時間：大約 1 小時（多數時間無需看顧）

分量：4~6 人份

豐富滑潤，表面還有漂亮的褐色和嚼勁，市售盒裝加工料理絕對比不上。

- 6 大匙（¾ 條）奶油，讓奶油軟化
- 鹽
- 2½ 杯牛奶
- 2 片月桂葉
- 450 克管狀麵、彎管麵或其他短麵
- 3 大匙中筋麵粉
- 180 克風味鮮明的切達乳酪，刨碎（約 1½ 杯）
- 新鮮現磨的黑胡椒
- ½ 杯新鮮現刨的帕瑪乳酪
- ½ 杯麵包粉，最好是新鮮的

1. 烤箱預熱到 200℃，並把 2 大匙奶油塗在寬 23 公分、長 33 公分的烘焙烤盤上。另外準備湯鍋煮水，加鹽。

2. 牛奶和月桂葉放入小型醬汁鍋裡，開中小火。等到鍋子邊緣開始出現沸騰的小氣泡（大約煮了 5 分鐘），熄火靜置備用。

3. 水滾下麵，煮到剛開始變軟，但麵心還又生又硬的程度。麵煮 3 分鐘後開始試吃、檢查熟度。水瀝掉，立即用冷水沖洗，不讓餘熱繼續加熱。

4. 撈出牛奶裡的月桂葉。將 ⅓ 的麵鋪勻在 1 的烤盤裡，撒上一半的麵粉（用手是最容易的），並拿剩餘的一半奶油點綴，再蓋上 ½ 杯切達乳酪，撒一點鹽和胡椒。

5. 以同樣的過程重複鋪上，直到鋪完所有麵，最上面放剩餘的切達乳酪和帕瑪乳酪，撒上麵包粉。把熱牛奶均勻淋上。進烤箱，烘焙到開始冒泡且頂部烤成褐色，約 30~40 分鐘，上桌。

把麵咬開或折斷時，麵心還白白粉粉的。

注意鍋子邊緣，剛開始產生蒸汽並冒出小氣泡就可以了。

牛奶調味 加熱牛奶，但不要劇烈沸騰。加入香料植物或辛香料浸泡，無論加哪一種材料都可以讓牛奶增添美好風味。

麵條不必熟透 你不會想吃這種未熟透的麵條，但等一下還要進烤箱，那時就會完全烤熟。

極簡小訣竅

▶ 大多數乳酪通心粉食譜都是從乳酪醬做起，其實若只是把麵和融化的乳酪拌在一起，你很難期待醬汁變得濃稠、滑順又不發黏。這個極簡作法省去一個步驟，並讓麵條烘焙時產生濃郁細緻的醬汁。

變化作法

▶ 短麵條可以好好抓住醬汁，最適合這道食譜。最常用的是彎管麵，不過還是可以嘗試貝殼麵、圓管麵、螺旋麵、管狀麵、貓耳朵麵或蝴蝶麵。

▶ 在這裡，你會想要吃到風味濃郁、濃稠滑順的的融化乳酪。除了切達乳酪，也可以考慮愛蒙塔爾乳酪、格呂耶爾乳酪、蒙契格乳酪或芳汀那乳酪。

延伸學習

義式麵食的基本知識	B3:10
烤盤抹上奶油	B5:26
適於烹煮的乳酪	B5:17
刨碎乳酪	B3:14
新鮮麵包粉	B5:14

淋上牛奶時，可以聞到
月桂葉的香氣。

奶油點綴 就是把小塊小塊的奶油放在表面上，像是一個個小圓點圖案。

一層層鋪上 鋪到第三層時，烤盤已經裝得相當滿。

肉醬千層麵

Meaty Lasagne

時間：大約 45 分鐘（用事先準備好的醬汁）

分量：6~8 人份

這種美義風格的千層麵，總是百樂餐會和派對上的熱門菜色。

· 鹽
· 450 克乾燥千層麵皮
· 4 杯番茄肉醬汁（作法可見第 3 冊 18 頁）
· 2 大匙橄欖油
· 2 杯瑞可達乳酪
· 450 克莫札瑞拉乳酪，刨碎（約 4 杯）
· 1½ 杯新鮮現刨的帕瑪乳酪
· 新鮮現磨的黑胡椒

1. 湯鍋內注入至少 5 公升的水，煮滾，加鹽。假如沒有這麼大的鍋子，乾麵皮請分兩批煮。水滾即下第一批麵皮，輕輕攪拌到剛開始變得柔軟，但還不是很熟，約 3~5 分鐘。用濾鍋小心瀝掉水分，把麵皮平放在紙巾或乾淨的布巾上。需要的話以同樣的步驟處理第二批麵皮。烤箱預熱至 200℃。

2. 嘗嘗醬汁，確定鹽和胡椒都加得夠多。把油塗在寬 23 公分、長 33 公分的烘焙烤盤上，鋪上 ¼ 的肉醬，再放一層麵皮，麵皮可以相接但不要重疊，可視需要修整。把大約一半的瑞可達乳酪散放在整層麵皮上，鋪上另外 ¼ 的肉醬。最上面放 ⅓ 的莫札瑞拉乳酪、⅓ 的帕瑪乳酪，撒上一些研磨黑胡椒。

3. 重複相同步驟，再鋪一層。到了第三層，直接在麵皮上塗鋪肉醬，最後放上帕瑪乳酪。可以在這個階段把整份千層麵用鋁箔紙或保鮮膜緊緊包住，放冷藏 1 天，或冷凍保存 1 個月，烹煮前一天再移到冷藏室解凍。

4. 放入烤箱烘焙 20~30 分鐘，直到千層麵的中央開始熱到冒出氣泡，即可出爐，靜置 5 分鐘再切開即成。也可放涼，再緊緊包起來冷藏 2 天，或冷凍保存 1 個月。

試吃麵皮時，咬起來應該很硬，麵心也還白白粉粉的。

不斷攪動麵皮 煮麵皮時要輕輕攪動，確保麵皮不會相黏（或黏在鍋上）。煮到依然硬硬的但可以彎曲即成。

切成烤盤大小 用剪刀或刀子把多出來的麵皮修掉。如果邊緣有重疊或摺起，烘焙後會變硬，不好吃。

極簡小訣竅

▶ 千層麵麵皮又大又笨重，很容易掉進水裡濺起水花造成燙傷，瀝乾時要很小心。

▶ 可以在製作千層麵的前幾天做好肉醬，冷藏起來。也可以在準備開始疊放材料之前再做肉醬，如果是這樣，完成時間會再增加半小時左右，而等到肉醬快要完成時，就可以開始煮水準備煮麵皮。

▶ 品質好的瑞可達乳酪濃郁且結實，含水量不會太多。請購買不含食用化製澱粉（修飾澱粉）、三仙膠或瓜爾膠的瑞可達乳酪。這種乳酪很柔軟，幾乎可以塗開，不過假如你沒辦法在麵皮上把乳酪塗開，可以先放在碗裡，加入 ½ 杯左右的醬汁，再壓開。

變化作法

▶ **蔬菜千層麵**：用最基本的番茄醬汁（作法可見本書 16 頁），或本書 18 頁〈番茄醬汁的變化作法〉中任一種不含肉的變化醬汁。

延伸學習

義式麵食的基本知識	B3:10
適於烹煮的乳酪	B5:17
刨碎乳酪	B3:14

層層鋪上 比較容易的方式是先放瑞可達乳酪，再鋪上番茄醬汁，反過來比較麻煩。

最後一層不一樣 最上面應該有麵皮、醬汁、莫札瑞拉乳酪和帕瑪乳酪，但不放瑞可達乳酪，否則會糊成一團。

亞洲麵食的基本知識

麵條

　　西式超市通常會賣一、兩種，亞洲超市則會擺滿一整個貨架。這裡列出最常用的幾種：

河粉　以稻米磨成粉製成。幾乎連最粗的河粉都可以只浸泡而不需煮。過程中要常常查看，最薄的河粉只需3~5分鐘就泡軟，最寬的河粉則要花15~20分鐘甚至30分鐘。最厚、最寬的河粉以沸水煮可能會快一點，不過還是一樣要時時查看，大多數在5~10分鐘之內就會變軟。

蕎麥麵　源自日本，用蕎麥粉和麵粉製成。蕎麥麵含有堅果風味，呈現灰色，經常做成冷麵搭配醬油蘸汁，或做成清湯麵。我也喜歡用蕎麥麵做炒麵。在沸水中煮到軟為止，通常最多只要5分鐘。

烏龍麵　以麵粉製成，這種極富嚼勁的麵條通常做成湯麵或燉煮料理，不過也可以做成冷麵或炒麵。烏龍麵的麵條有各種粗細和長度，應該要在滾水中煮8~12分鐘。素麵比較細，煮軟所需的時間也比較短。

中式雞蛋麵　麵條很長而細，呈金黃色，以麵粉製成，可以買到新鮮麵條或乾麵條。煮起來很快，乾麵條在滾水中煮3~5分鐘就熟了，煮熟時間視麵條粗細而定，新鮮麵條不到1分鐘就可煮好。

冬粉　名稱很多，也叫粉絲和粉條。冬粉長而透明，是以綠豆澱粉製成。除非你要做熱湯冬粉（在這種狀況下，只要上桌前幾分鐘把冬粉放進熱湯就可以了），否則只要浸泡5~15分鐘冬粉就會變軟。無論怎麼煮，都可以用剪刀把冬粉剪短一點。

煮熟，或浸泡

　　雖然用的是同樣的器具和類似的技術，亞洲麵通常會比義大利麵更快煮熟，而河粉和某些麵條甚至只要泡沸水就會變軟。與義大利麵一樣，亞洲麵吃起來最好要夠軟，但又不要軟爛。過程中要時時查看，因為煮熟的時間有很大的差異，即使同類麵條都如此。如果沒有煮熟，吃起來會太硬；煮過頭，又會黏成一團，甚至碎裂。這裡告訴你該如何煮亞洲麵條：

1. 每一人份約60~120克乾麵條。湯鍋煮水，加鹽。水煮滾後，有兩種選擇：

   浸泡（河粉、冬粉）　湯鍋離火，再放入河粉或冬粉。或放入大碗內，倒入沸水，直到蓋過河粉或冬粉。用夾子或大叉子攪散，靜置1~2分鐘，接著查看狀況。最細的麵條大約3分鐘就會泡軟，較粗的麵條則要10~15分鐘。

   煮滾（所有其他種類的麵條）　就像處理義大利麵一樣，把麵條放入滾水中，以夾子或大叉子將麵條攪散。3分鐘後開始檢視熟度。

2. 剛好煮軟時，用濾鍋瀝麵條。如果是河粉，最好用冷水沖洗，這樣可以快速冷卻，同時沖掉表面的澱粉，否則會黏成可怕的一團。如果麵條似乎太長而不好處理，可用廚房剪刀把濾鍋內的麵條剪短。煮好就要立刻用，例如像沙拉一樣淋上醬汁，或煮成湯麵或炒麵。如果其他材料還沒有準備好，可以先浸泡在冷水裡，最多泡1小時，要用時再瀝乾一次。

吃麵

無論你是從哪一種亞洲麵條入門，只要浸泡過或煮熟之後，這些麵條都可以互相取代，與所有的材料組合在一起。這裡有三種超級簡單的吃法：

煮成湯麵　以 1 人份來說，把 1 杯已經煮軟的麵條（乾麵條約 90 克）放在碗裡，加入 2 杯熱騰騰的高湯（蔬菜、魚、雞和牛高湯皆可），或泡好的綠茶或紅茶（進階版）。把 ½ 條小黃瓜、½ 根會辣的新鮮辣椒、2~3 根青蔥、大約 ½ 杯任一種煮熟的肉類（或手邊任一種馬上就可以吃的材料）切小塊，加入湯麵。湯麵必須馬上吃，蔬菜的口感才會新鮮、爽脆。

做成炒麵　把 240~360 克的任何一種麵條煮熟或泡軟。撈出麵條後，留下至少 1 杯煮麵水或泡麵水。任何翻炒的材料炒到最後一刻再把麵條加進來（不像米飯料理是把翻炒的材料加入飯裡炒），並加入適量的煮麵水，幫助各種食材融合在一起變成醬汁。嘗嘗味道，再多加一點醬油、油，以及煮麵水或泡麵水，就像你幫義大利麵拌好醬汁之後的調味方法。

煎麵條　把 240~360 克的任何一種麵條煮熟或泡軟，然後徹底瀝乾。在大型平底煎鍋裡放入 2 大匙蔬菜油，開大火，等油燒熱，把麵條放進煎鍋，平鋪成均勻的一層。稍微煎一下，不要攪動，直到麵條飄出香味，約 1 分鐘。接著用鍋剷輕輕撥動麵條，直到煎成褐色，需要時請調整火力，使之噼啪作響但不致燒焦。煎好的麵條裝盤，放上切小段的清蒸蔬菜、簡單煮熟的肉類，或只淋上一點醬油和熱騰騰醬汁也可以。

花生醬涼麵

Cold Noodles with Peanut Sauce

時間：30 分鐘

分量：2 份主食或 4 份配菜

花生醬、水和調味料，組成這顆行星上最簡單的醬汁。

- 鹽
- 1 條中型或 2 條小型的小黃瓜
- ½ 杯花生醬
- 2 大匙芝麻油
- 2 大匙糖
- 3 大匙醬油，可依喜好多加
- 1 茶匙磨碎或切碎的生薑，非必要
- 1 大匙米醋或新鮮檸檬汁，可依喜好多加
- 3 滴辣醬（像是塔巴斯克辣椒醬），可依喜好多加
- 新鮮現磨的黑胡椒
- 360 克新鮮或乾製的中式雞蛋麵
- ½ 杯切碎的青蔥，裝飾用

1. 湯鍋煮水，加鹽。小黃瓜削皮後剖半，用湯匙挖出種籽丟棄。用四面刨絲器或食物調理機的刨絲刀盤把小黃瓜刨碎。

2. 花生醬、芝麻油、糖、醬油、生薑、醋、辣醬和胡椒放入小碗內攪拌均勻，從湯鍋裡舀出 ¼ 杯滾水加入，繼續攪拌。醬汁應該會像非常濃的鮮奶油一樣滑潤，如果沒有，多加一點熱水，一次加入 1 大匙。

3. 水一滾就下麵，煮到變軟但不軟爛，新鮮麵條煮 1 分鐘後開始試吃、檢查熟度，乾製麵條則是 3 分鐘。等麵條煮好就瀝掉水分，以流動的冷水沖洗，然後再次瀝乾。

4. 醬汁、小黃瓜和麵條一起放進大碗裡拌勻。嘗嘗味道並調味，依喜好加入少量的鹽、醬油、醋、辣醬或胡椒。麵條可以提早 2 小時煮好，冷藏到要吃之前取出回溫。最後以青蔥裝飾即可上桌。

水的熱度會幫忙融化花生醬。

刨碎柔軟的蔬菜 像小黃瓜這樣富含水分的蔬菜，刨碎的口感會比切碎的口感柔滑許多，但又能保有一點爽脆。

調花生醬汁 把花生醬用熱水化開調勻並不容易，要一直攪拌，到最後口感會很滑順。

這道乾淨的痕跡是最好的測試方法，可用來測試各種乳狀醬汁的濃稠度。

測試醬汁質地 完成的醬汁應該可以附著在湯匙背面，但又夠濃稠，用手指在湯匙上面劃過去，醬汁不會流動，仍維持原本的形狀。

極簡小訣竅

▶ 可以提早在 1 天前做好花生醬汁（先不加熱水），然後加蓋或放入密封容器內冷藏。食用前，把小黃瓜準備好，將熱水加入醬汁內攪勻，然後煮麵，拌上醬汁即可上桌。

變化作法

▶ 如果是當主餐，可加入 1 杯煮熟的切片雞肉、牛肉或豬肉，或煮熟的全蝦或蟹肉，或切丁的板豆腐。

▶ **芝麻醬涼麵**：用芝麻醬取代花生醬，並撒上芝麻作裝飾。

▶ **腰果醬涼麵**：½ 杯生腰果或烤過的腰果用食物調理機打碎，直到變成糊狀（可能要花幾分鐘，要有耐心），以之取代花生醬。如果你用的是沒有調味的堅果，可加一撮鹽。

延伸學習

亞洲麵食的基本知識	B3:28
小黃瓜去籽和切小塊	B1:85
食物調理機刨絲	B1:89
準備生薑	B3:62
準備青蔥	B4:41

泰式
蝦仁炒麵

Thai-Style Noodles with Shrimp

時間：30~40 分鐘
分量：4 人份

如果你喜歡泰式炒麵，一定會愛上這道料理。

- 鹽
- 360 克的乾燥河粉，寬度約 0.6 公分
- ¼ 杯蔬菜油
- ½ 杯椰奶（低脂也可以）
- 2 大匙醬油，可依喜好多加
- 2 大匙新鮮萊姆汁
- 2 茶匙糖
- ¼ 茶匙的乾辣椒碎片，非必要
- 1 大匙大蒜末
- 2 根青蔥，切成 2.5 公分的小段
- 3 顆蛋，稍微打散
- 4 杯大白菜絲
- 225 克的中型蝦仁
- ¼ 杯切碎的花生，裝飾用
- ½ 杯切碎的新鮮胡荽葉，裝飾用

1. 湯鍋煮水，加鹽。水沸騰時，鍋子離火，接著放入河粉攪拌一下。河粉浸泡到變軟但不軟爛，浸泡後 5 分鐘開始試吃、檢查熟度。接著瀝掉水分，再用冷水沖洗，最後輕輕拌入 2 大匙蔬菜油。

2. 椰奶、醬油、萊姆汁、糖及乾辣椒碎片（視喜好加入）在小碗裡拌勻。

3. 剩餘的 3 大匙蔬菜油放入大型平底煎鍋，開中大火，油燒熱後，放入大蒜和青蔥翻炒到散發香氣且變成金色，約 1~2 分鐘。放入蛋液，加熱 30 秒左右，不要攪動，等到蛋開始凝固，攪拌一下，並把鍋子邊緣的蛋液刮下來，直到蛋液變成淡黃色和不透明。

4. 加入大白菜絲拌炒，直到菜葉開始變軟，約 3~5 分鐘。加入蝦仁，拌炒至變成淡淡的粉紅色，約 2~3 分鐘。加入 2 與河粉，用夾子或湯匙輕拌到河粉完全變熱，且裹上醬汁。嘗嘗味道並調味，依喜好多加鹽或醬油。把河粉分盛到各人的盤子內，表面撒上花生和胡荽，上桌。

如果蛋液還很軟且呈乳狀，
表示鍋子下面的火不夠熱。

加入蛋液 大蒜和青蔥要炒到散發香氣、滋滋作響，且轉變成金色，然後再加入蛋液。

加入蝦仁 蛋應該大致凝結了，大白菜也已變軟，就在這時加入蝦仁，不斷拌炒到蝦仁變成粉紅色。

極簡小訣竅

▶ 所有食材都準備好、測好分量,且放在手邊,再開始炒。炒的過程大約只有 10 分鐘,所以煎鍋一燒熱,你就沒有時間做其他事了。

▶ 全脂或低脂椰奶的用途都很廣泛,兩種都可以用,但如果選全脂,料理的風味明顯會比較濃郁。

變化作法

▶ **改變蔬菜種類:**可以試著用豆芽菜、胡蘿蔔絲、青花菜或四季豆取代大白菜,單獨一種或混合幾種都可以,全部最多加到 4 杯。

▶ **泰式炒河粉口味:**用豆芽菜(綠豆或黃豆皆可)取代大白菜,並用小塊豆腐取代一部分蝦仁。也可以不用椰奶和醬油製作醬汁,改用魚露(可在多數的超市或亞洲商店買到)和羅望子醬(一種酸酸的濃縮汁,可在東南亞食材店買到)組合成醬汁。剛開始用 2 大匙羅望子醬和 1/4 杯魚露,再加糖、萊姆汁和乾辣椒碎片,嘗嘗味道再繼續調味。

延伸學習

亞洲麵食的基本知識	B3:28
準備青蔥	B4:41
準備大白菜	B1:88
蝦子剝殼	B2:26
切碎堅果	S:27
切碎香料植物	B1:46

任何大小的蝦仁都可用於這道料理,也可以完全不加蝦子,做成純蔬菜的口味。

與醬汁輕拌在一起 等到蝦仁剛剛變色,就可以加入河粉和調好的椰奶。炒熟蝦仁的時間,剛好夠這整道料理融合在一起。

米的基本知識

任何長度、任何顏色，加水煮滾就是

　　忘了那些「要把米煮好有多難」的說法！事實上，你幾乎可以用完全相同的方法把每一種米煮熟。只是浸泡時間和水的用量會因米的種類、生長的地方、收成有多久而有些微差異，所以這些是一定要學會的重點。這種連新手也學得會的方法，可以讓你把米飯煮得非常棒。本系列的食譜煮出來的飯量皆約 4 杯，估算為 4~6 人份。

洗米　把 1½ 杯短粒、中粒、長粒的白米或糙米放進中型鍋。加水淹過米，攪動幾下，盡可能把所有的水小心倒出，讓米留在鍋子裡。重複幾次，直到水看起來近乎清澈。洗好後，如果你是煮白米，一開始就加 2¼ 杯水；若是糙米，則加 2½ 杯水。仔細看的話，加入的水要淹到米的表面上方約 1.2 公分處。

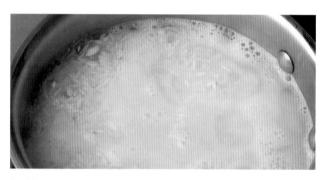

調整火力　用大火加熱鍋子，等到水煮滾，轉中火或中小火，讓水平穩冒泡，但不會劇烈沸騰。鍋子不要蓋起來。如果煮的是白米，15 分鐘內可以先忙別的事，糙米則是 30 分鐘。

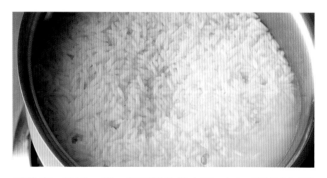

看熟度　時間一到，每隔幾分鐘查看一下。等到表面開始出現凹洞就試吃看看，確定剛好煮軟而不硬。讓鍋子傾斜，看看底部是否還有水。飯應該要乾乾的，但不會黏住或焦掉。白米要花 15~25 分鐘，糙米則要 40~50 分鐘。如果還有水而飯已經煮熟了，就把飯瀝乾，再倒回鍋子裡。假如鍋子底部已經乾了但飯還很硬，則加入 ¼ 杯水，再開火加熱，重複同樣步驟直到米飯煮軟為止。

把飯撥鬆　等飯煮好後，蓋上鍋蓋並離火，至少燜 5 分鐘，最多燜 15 分鐘。上桌前，依喜好加入一小塊奶油或淋上一點橄欖油。以這裡的米飯分量來說，大約要加 2 大匙才會有效果。然後用叉子把飯撥鬆。嘗嘗味道，需要的話多加一點鹽，然後再撥鬆一點。

短粒米　　　長粒米

短粒米和長粒米

　　稻米其實有數千種，多到連常下廚老手都無法全盤掌握，所以先把所有的稻米簡單分成兩大類：長粒米，以及短粒和中粒米。

長粒米　香米很美味，也很容易買到，包括美國南方的一些品種（美國最常見的米），以及一些香米，像是有堅果香的印度香米，或是有花香的泰國香米。所有長粒米都可以煮成熟悉的蓬鬆米飯，作為副菜或香味飯。

短粒米或中粒米　比較圓胖，澱粉含量較多，有點黏，這些就是我們熟知用來做義大利燉飯、西班牙燉飯和壽司的米。超市的包裝米通常只寫上「短粒」或「中粒」。義大利燉飯用短粒米，最常用的品種是阿勃瑞歐米。傳統的西班牙海鮮飯也是短粒米，最常用的是瓦倫西亞米。整個亞洲都用的短粒米在美國的特定市場越來越容易買到，而美國的所有短粒米和中粒米也越來越普遍。

糙米　這個名稱顯示的是米的加工方法，而非長度或品種。所有糙米幾乎都未經碾磨，富含營養的米糠和胚芽都還在，也可以視為全穀類。白米不算全穀類，因為米粒的外層都在碾磨過程中除掉了。

　　煮熟糙米的時間大約是白米的 2 倍，但如果把糙米預煮，就可以用來取代任何食譜內的白米，連義大利燉飯都可以。方法如下：就像煮義大利麵一樣，把食譜內的糙米分量煮滾12~15 分鐘，然後把水瀝掉，再假裝你現在要開始煮生的白米。你甚至可冷藏保存幾天再煮。很驚訝吧，不過真的可以。

香味飯
(可家常可豪華)

Rice Pilaf, Plain and Fancy

時間：45~60 分鐘
分量：4 人份

添加油脂就等於添加風味，先烘烤一下米粒，一切就變得不一樣。

- 1½ 杯長粒白米，最好是印度香米
- 2~4 大匙橄欖油
- 1 顆中型洋蔥，切小塊
- 鹽和新鮮現磨的黑胡椒
- 2¼~2½ 杯水，或者雞、牛、蔬菜高湯
- ½ 杯切碎的新鮮歐芹葉，裝飾用

1. 用濾鍋洗米並瀝乾水分。2 大匙橄欖油倒入大型平底煎鍋，開中大火，等油燒熱，放入洋蔥拌炒到洋蔥變軟，約 3~5 分鐘。

2. 加入米，轉中火。時時攪拌到米變得有光澤，完全裹上油，並開始變成金色，這需要再多 3~5 分鐘。撒一點鹽和胡椒，再把 2¼ 杯水一次全部加入。攪動一到兩次，只要讓湯水混勻就好，然後煮滾，調整火力，讓水溫和冒泡，之後蓋上鍋蓋。

3. 繼續煮米，直到湯汁幾乎收乾，表面也開始出現凹洞，約 15~20 分鐘。試吃看看米是不是幾乎完全煮軟，如果湯汁已經完全收乾，但米還太硬，則再加 ¼ 杯水，蓋上鍋蓋，多煮 5 分鐘，接著再試吃。盡量把火力轉到最小，然後燜 15~30 分鐘。

4. 上桌前，如果想增添更濃郁的風味，就把剩下的 2 大匙橄欖油攪拌進去，並用叉子把香味飯撥鬆。試吃看看並調味，然後再撥鬆，撒入歐芹即可上桌。

要有耐心，米粒應該會飄出烘烤的香氣，但不能燒焦。

加米拌炒 等洋蔥炒軟，就可以把洗淨瀝乾的米加進去拌炒。

把米炒香 米粒應該會變成明顯的半透明，顏色也開始變深。

煮米 等到湯汁開始平穩且溫和冒泡，便蓋上鍋蓋，燜煮 15 分鐘，然後開始熟度，看看表面是否已經出現凹洞。

極簡小訣竅

▶ 印度香米實在非常美味，我會用來煮香味飯。米粒煮上很久，依舊粒粒分明不黏糊。不過也可以其他米來煮。用短粒米煮的香味飯會自然而然黏在一起，非常適合做成炒飯與其他亞洲料理。

▶ 香味飯煮好後燜煮一段時間，如此可以讓飯變得乾一點，產生清爽和蓬鬆的口感。如果用瓦斯爐，盡可能把火轉到最小。假如用電爐，就把火關掉，讓鍋子在爐子上慢慢放涼。

▶ 香味飯可以事先煮好，再妥當重新加熱：表面先灑 2 大匙水，蓋上鍋蓋，在爐子上或烤箱裡慢慢加熱。

變化作法

▶ 糙米香味飯：用印度香米的糙米取代白米，步驟 2 的水要增加到 2½ 杯，步驟 3 原本煮 15~20 分鐘則改為 30~40 分鐘。可能需要加更多水，煮大約 20 分鐘之後就要查看狀況。

▶ 大蒜風味香味飯：用 1~2 大匙的大蒜末取代洋蔥，大蒜末炒了 1~2 分鐘就會變軟，要格外注意。可嘗試用切碎的 2 顆大紅蔥、1 根韭蔥或 4 根青蔥，成果都會稍有不同。

▶ 蔬菜香味飯：加入洋蔥時，另外加入切小塊的 1 根芹菜莖，或 1 個去核去籽、切小塊的燈籠椒，或 1 條切小塊的胡蘿蔔。

▶ 香料植物香味飯：用其他風味溫和的新鮮香料植物取代歐芹，如薄荷、羅勒、細葉香芹和蒔蘿。

▶ 營養香味飯：把飯撥鬆時，加入歐芹與其他食材，如最多 1 杯煎脆的小塊培根或香腸，½ 杯煙燻鮭魚薄片，½ 杯切碎的堅果，½ 杯切碎的乾果，或 1 大匙碎檸檬皮、碎橙皮或碎萊姆皮。

延伸學習

米的基本知識	B3:34
切碎洋蔥	S:27
高湯的各種選擇	B2:66
切碎香料植物	B1:46

炒飯

Fried Rice

時間：30 分鐘
分量：4 人份

隔夜飯可以做成美味的回鍋料理。

- ¼ 杯花生油
- 1 顆中型洋蔥，大致切小塊
- 1 個中型燈籠椒（最好是紅的），去核、去籽並切小塊
- 2 根中型的芹菜莖，大致切小塊
- 鹽和新鮮現磨的黑胡椒
- 1 大匙大蒜末
- 3~4 杯煮熟的長粒白米或糙米，冷藏幾小時
- 2 顆蛋
- 2 大匙醬油，可依喜好多加
- 1 大匙芝麻油

1. 1 大匙油放入大型平底煎鍋內，開中大火，等油燒熱，放入洋蔥、燈籠椒和芹菜，撒點鹽和胡椒，並轉成大火。用鍋鏟拌炒到蔬菜開始變軟且變成褐色，約 8~10 分鐘。如果快要燒焦了，就把火轉小一點。炒好後把蔬菜移到碗裡。

2. 剩下的 3 大匙油放入煎鍋內，轉大火，等油燒熱，放入大蒜拌炒 15 秒，接著加入冷藏過的飯。用鍋鏟把所有米團撥散，但還不急著攪動，等到飯粒開始噴動、發出噼啪聲，鍋子邊緣的飯也開始變成褐色，約 1~3 分鐘。如果有任何部位的飯開始燒焦，就把火轉小、鍋子離火幾秒鐘，以減慢加熱的速度。

3. 等米飯發出滋滋聲後，從周圍攪動一圈，再把中間的飯推向鍋子四周邊緣，在中央推出凹洞。在堅硬平面上敲破蛋殼，把蛋打進鍋子中央的凹洞，用鍋鏟的邊角快速攪蛋，攪動約 30 秒，再與飯一起翻炒。

4. 步驟 1 的蔬菜倒回煎鍋，輕拌到與飯混勻，並且加熱完全，約 1 分鐘。把醬油和芝麻油加入攪拌，嘗嘗味道，加入更多的鹽、胡椒或醬油調味，上桌。

用冷飯最好，飯裡的澱粉需要變得乾硬一點，才能炒得比較香。

撥散冷飯 先用大蒜爆香，然後把飯倒入鍋裡，用手指把米粒撥散，使米粒平均分布在鍋子裡。

炒蛋 應該先讓蛋液稍微凝固，再與飯混合在一起，否則蛋液會裹住飯粒，就不會形成獨立的塊狀了。

極簡小訣竅

▶ 從生米開始煮：用 34 頁的方法煮熟一批米（糙米或白米皆可），然後把 3~4 杯飯放入冰箱至少冷藏幾小時。

▶ 炒出少量炒飯：如果你只有 1½~2 杯飯，把食譜的分量全都減半，就可以剛好給 2 個人吃。

變化作法

▶ **5 種預加的配料**：在步驟 1，可以加入手邊的任何蔬菜，或把以下材料與生蔬菜一起加入（取代蔬菜也可以）。

1. 1 條中型櫛瓜或夏南瓜，切小塊或切絲

2. 1 杯切小塊的茄子

3. 1 杯新鮮玉米粒或解凍的冷凍玉米粒

4. 1 條中型胡蘿蔔，切丁或切絲

5. 1 杯豆芽菜

▶ **5 種後加的配料**：在步驟 4，把炒過的蔬菜倒回煎鍋時，同時加入以下任何一種材料一起炒。

1. 2 杯切成細絲的卷心萵苣或羅曼萵苣

2. 1 杯新鮮青豆仁或解凍的冷凍青豆仁

3. 1 顆番茄，切成薄薄的楔形

4. 1 杯切小塊煮熟家禽肉、肉類或魚肉

5. 225 克的板豆腐，切丁

延伸學習

米的基本知識	B3:34
切碎洋蔥	S:27
準備燈籠椒	B1:85
煮熟米飯	B3:34

帕瑪乳酪
奶油義大利
燉飯

Risotto with Butter and Parmesan

時間：45~60 分鐘
分量：4~6 人份

一定要注意盯著，定時攪拌，不過這也沒多麻煩。

· 6 大匙（¾ 條）奶油
· 1 顆中型洋蔥，切小塊
· 一大撮番紅花細絲，非必要
· 1½ 杯阿勃瑞歐米，或其他的短粒或中粒白米，洗淨
· 鹽和新鮮現磨的黑胡椒
· ½ 杯干白酒（如白蘇維翁或灰皮諾），或水
· 6 杯雞高湯、牛高湯或蔬菜高湯，或水
· ½ 杯新鮮現刨的帕瑪乳酪，再多準備一些放在桌上

1. 放 2 大匙奶油到大湯鍋內，開中火。剩下的 4 大匙奶油先放室溫軟化。等鍋內奶油融化而且不太冒泡，放入洋蔥，要加番紅花的話也放進去，拌炒到洋蔥變軟且番紅花開始溶解，約 3~5 分鐘。

2. 加入米，拌炒到顯現光澤，而且每一粒米都裹著奶油，約 2~3 分鐘。撒點鹽和胡椒，再加白酒，然後攪拌到液體都收乾，這要再多 1~2 分鐘。

3. 加入 ½ 杯高湯，攪拌到整鍋差不多都煮乾時，再加另外 ½ 杯高湯。加入的液體一收乾，就再加入一些，偶爾攪拌（但不要一直攪），然後再加一點。隨時調整火力，讓液體平穩冒泡，但不要太快。

4. 加入高湯後約 20 分鐘開始試吃米飯，其實高湯不一定要全部加進去。你會希望口感滑順，飯粒軟了但咬起來還有一點嚼勁（可能要再10 分鐘以上才會到達這個程度）。煮好後，加入剩下的 4 大匙奶油及帕瑪乳酪攪拌均勻。嘗嘗味道並調味，上桌，並另外備上帕瑪乳酪。

奶油煮飯 持續攪拌，直到米粒顯現光澤，而且均勻裹上奶油。

1/2 杯量的金屬量杯（嚴格說來這是給乾燥食材用的）用來舀湯很方便。

加入液體 應該要等到白酒幾乎完全揮發後，再開始加入更多液體。

極簡小訣竅

▶ 番紅花確實很貴,但加入適量(約 ½ 茶匙)會讓料理產生很有深度的強烈風味和豐富色澤。如果用量太多,吃完嘴裡會有一股藥味。

▶ 高湯可增添很多風味,特別是你不用番紅花的話就更重要了,不過用水煮出來的燉飯也很不錯,只是加入乳酪以後要記得確定夠不夠鹹。

▶ 傳統上,燉飯是舀熱湯(但不是沸騰的湯)加入米中煮,但我覺得不需要將高湯或水預熱,因為你每次都只加入少量(約 ½ 杯)。

變化作法

▶ **海鮮燉飯:**不要加乳酪,可能的話用魚高湯。在步驟 4,飯幾乎煮好時,攪拌加入 450 克海鮮,像是中型蝦仁、洗淨切片的烏賊或蟹肉塊,或是大略切小塊的干貝或厚實魚片,單加一種或混合幾種皆可。煮到海鮮變得不透明和變軟,約 2~5 分鐘,拌入剩餘的奶油,上桌。

延伸學習

米的基本知識　　　　　　B3:34
切碎洋蔥　　　　　　　　S:27
雞高湯　　　　　　　　　B2:64
充滿風味的蔬菜高湯　　　B2:62
高湯的各種選擇　　　　　B2:66
刨碎乳酪　　　　　　　　B3:14

何時加入高湯　攪拌時若看到鍋底開始刮出痕跡,就表示該加更多水或高湯了。米應該不能黏住鍋子。

完成燉飯　加入奶油和乳酪之後,米飯還會繼續受熱,這時要確定米飯咬起來還有一點嚼勁,而且比你最後想要的狀況稍微濕一點點。

雞肉香腸西班牙燉飯

Paella with Chicken and Sausage

時間：大約 1 小時
分量：4~6 人份

西班牙最著名的料理，簡單到每週都可以做一次

- 3 大匙橄欖油
- 2 根帶骨、帶皮的雞大腿，切掉多餘脂肪
- 鹽和新鮮現磨的黑胡椒
- 1 顆中型洋蔥，切小塊
- 2 大匙大蒜末
- 225 克西班牙辣香腸，或其他種煙燻香腸，切小塊
- 2 杯任一種短粒或中粒白米，洗淨
- 2 茶匙煙燻紅辣椒粉（甜椒粉）
- ½ 杯干白酒
- 3~3½ 杯雞高湯、牛高湯或蔬菜高湯，或水
- 1 杯切小塊的紅燈籠椒
- ½ 杯切碎的新鮮歐芹葉，裝飾用

1. 烤箱預熱到 230℃。油倒入大型平底煎鍋（可直接放入烤箱那種），開中大火。等油燒熱，放入雞肉，有雞皮那一面朝下，撒點鹽和胡椒。煎一下，直到雞肉塊變成深褐色，而且很容易在鍋子上移動，約 5~10 分鐘。翻面，再撒點鹽和胡椒，繼續煎另一面，需要的話轉動一下，直到煎成褐色，大約要再 5 分鐘。從煎鍋裡夾出雞肉。

2. 火轉小成中火，洋蔥、大蒜和辣香腸放入煎鍋內，撒點鹽和胡椒，拌炒到蔬菜變軟，香腸也開始變得酥脆，約 3~5 分鐘。加入米拌炒，直到顯現光澤，而且開始聞到烘烤香氣。加入辣椒粉，炒到飄出香氣，大約不到 1 分鐘。倒入白酒攪拌，並把鍋底的任何褐屑刮起來。

3. 舀 3 杯高湯，倒在米上，把雞肉塊埋進米飯裡。煎鍋進烤箱，不要攪動，烤 15 分鐘，查看飯是否已烤乾且軟硬適中，如果還沒有，就多烤 5~10 分鐘，直到烤好為止。如果飯已經烤乾但還不夠軟，加入一點湯汁，約 ¼ 杯或更少，然後再烤 5 分鐘，需要的話再重複一次。

4. 飯煮好後，嘗嘗味道，然後加入燈籠椒攪拌，並依喜好加入更多鹽和胡椒，再把煎鍋放入烤箱。火關掉，燉飯留在烤箱至少 5 分鐘，最多 15 分鐘。

5. 上桌前，可讓燉飯產生鍋巴：把煎鍋放到爐子上，開中大火，直到米飯發出微微的滋滋聲，也開始聞到焦香，但不要真的燒焦，約 2~3 分鐘。最後用歐芹裝飾即可上桌。

你可以多加 2-4 塊雞大腿肉，不需要更動食譜。

煎燒雞肉 持續撥動雞肉塊，使整塊都煎成均勻的褐色，這也是讓西班牙燉飯充滿香氣的第一步。

極簡小訣竅

▶ 西班牙辣香腸已經全熟（無論煙燻或醃漬都一樣），而且質地相當扎實。如果找不到這種香腸，可用其他種煙燻香腸取代，像是波蘭蒜味燻腸。

▶ 傳統上用瓦倫西亞米做西班牙燉飯，不過任一種短粒白米或中粒白米都可以。

▶ 煙燻紅辣椒粉（西班牙稱之為甜椒粉）在大多數超市都找得到，擁有特殊的濃烈風味。

▶ 要分雞肉給大家吃時，先用叉子把雞肉與骨頭分開，再分給每個人一些肉。

變化作法

▶ **番茄蔬菜西班牙燉飯**：不要加雞肉、香腸和燈籠椒，直接跳到步驟 2。將 700 克的成熟番茄去蒂頭並切成楔形。在步驟 3，把番茄放到米飯和湯汁上，再把煎鍋放進烤箱。

延伸學習

米的基本知識	B3:34
雞肉的基本知識	B4:52
香腸的種類	B4:35
雞高湯	B2:64
充滿風味的蔬菜高湯	B2:62
高湯的各種選擇	B2:66

為米飯增添風味 用洋蔥、香腸和辛香料拌炒米飯，會讓米飯充滿煙燻風味。

加入燈籠椒 攪拌進去時，小心不要動到邊緣可能產生的鍋巴。需要的話再把雞肉塞下去一點。

穀類的基本知識

穀類怎麼煮？

　　許多過去不常見的穀類，現在已經可以在超市買到，幸運的是，這些穀類都超級容易煮。一開始，先忽略包裝上的指示，改為相信自己的眼睛和牙齒，並用相同的方法煮所有穀類，但也有少數例外，包括用穀類磨成的粉，如義式粗玉米粉（見 52 頁），以及庫斯庫斯（見下方說明）。這道食譜大約可煮出 4 杯，或者 4~6 人份。

烹煮庫斯庫斯

　　我們把庫斯庫斯視為穀類，但這其實是一種麵食，可以像泡茶一樣泡在滾水裡。這裡是做出 4 人份的方法：

　　如果是精製過的白庫斯庫斯，倒 2¼ 杯水在中型醬汁鍋裡，加一撮鹽，煮滾。倒入 1½ 杯的庫斯庫斯攪拌，蓋上鍋蓋後離火，靜置至少 5 分鐘，最多 30 分鐘。如果用的是全麥庫斯庫斯，則加入 2½ 杯水，浸泡至少 10 分鐘。煮以色列庫斯庫斯也可遵照這一頁的指示，但浸泡 5 分鐘後就要開始查看。

清洗穀類 把 1½ 杯的任一種全穀類、壓製穀類或切製穀類倒入中型醬汁鍋，放一撮鹽，加水淹過穀類並攪開。讓穀類稍微沉澱到鍋底，然後盡可能把所有的水倒出來。重複這個清洗步驟，直到水不再混濁。也可以用濾鍋，直接用水沖洗。

加入水 如果你希望稍微有一點湯汁，水面應該要蓋過穀類大約 2.5 公分。如果想要乾一點，則大約 1.2 公分即可。假如你只要煮少量，用小型醬汁鍋比較容易觀察。用大火把水煮滾，然後調整火力，讓水溫和穩定冒泡。

不時檢查一下 煮到穀類變軟為止。用叉子攪拌一、兩次，確定穀類沒有黏在鍋底。所需時間從 10 分鐘到 2 小時以上不等，端看使用哪一種穀類而定。請參考下一頁的時間表，從時間範圍的前段開始試吃。

測試熟度 等到表面開始出現凹洞，且所有的水分都收乾時，試吃一粒看看，應該要可以咬下，不會難嚼或硬脆。如果還不到這個熟度，加入 ¼ 杯水，再煮 5 分鐘看看。如果已經煮軟但還有很多水，用濾鍋瀝乾再倒回鍋子裡。等穀類煮軟後，蓋上鍋蓋，離火燜 5~15 分鐘。上桌前，加入 2 大匙奶油或橄欖油，用叉子撥鬆，在 10 分鐘內上桌。

常見穀類及其烹煮時間

以下列出的穀類只是一小部分，如果想知道特定穀類的更多烹煮方法，請見後面的各道食譜。

白庫斯庫斯

5~10 分鐘（泡滾水）

全麥庫斯庫斯

10~15 分鐘（泡滾水）

燕麥片

15~20 分鐘

碎燕麥粒

30~45 分鐘

藜麥

大約 20 分鐘

小米

20~30 分鐘

義式粗玉米粉

20~30 分鐘

美式粗玉米粉

20~30 分鐘

野米

45~60 分鐘

麥仁

60~90 分鐘

(如果先泡水一晚,可以快一點熟)

粗玉米粒

2~4 小時

(如果像豆類一樣泡過水,可以快一點熟)

生薑辣椒
藜麥香味飯

Quinoa Pilaf with Ginger and Chiles

時間：30~40 分鐘

分量：4 人份

完美的煮米飯技術，也可以施展在穀
類上。

- 2 大匙蔬菜油
- 4 根青蔥，蔥白與蔥綠分開，切片
- 1 根會辣的中型新鮮辣椒（像是哈拉貝紐辣椒），去籽並切碎
- 2 大匙薑末
- 鹽和新鮮現磨的黑胡椒
- 1½ 杯藜麥，徹底洗淨並瀝乾
- 2¼ 杯水，或者雞高湯、牛高湯或蔬菜高湯
- 1 茶匙芝麻油
- 1 顆萊姆，切成四等分

1. 油倒入大型平底煎鍋，開中火，等油燒熱，加入蔥白、辣椒和薑。撒一點鹽和胡椒，拌炒到蔬菜開始變軟，而且變成金色，約 3~5 分鐘。

2. 放入藜麥，拌炒，使藜麥裹上油。等到藜麥開始膨脹且飄出香味，大概是 2~3 分鐘後，接著加水煮滾。調整火力，使水平穩溫和冒泡，蓋上鍋蓋，不要攪動，煮 15 分鐘。

3. 嘗嘗藜麥的熟度，穀粒應該要軟，且邊緣出現小環圈。如果藜麥還硬

硬的，確定一下鍋子裡還有夠多的液體，讓鍋底保持濕潤，需要的再加幾大匙水，然後蓋上鍋蓋，2~3 分鐘後再查看。

4. 等藜麥煮熟，加入芝麻油和青蔥，用叉子撥鬆，嘗嘗味道並調味。再次撥鬆，即可上桌或放到常溫再吃。上桌時，附上萊姆切塊。

這種香味飯實在太香了，只用水煮都好，不過高湯會增加風味的深度。

炒香藜麥 藜麥加入炒軟的蔬菜裡，拌炒到變得透明且開始變成金色。

慢慢熬煮 調整火力，使水平穩冒泡，但不要太劇烈。注意不要攪動藜麥，以免變黏。

盡量不要太常攪動，
穀粒才會維持蓬鬆且
粒粒分明。

辨認熟度　藜麥剛變軟，而且
穀粒開始膨脹，就表示煮好
了。你會看到穀粒的外緣有小
圓圈。

極簡小訣竅

▶ 謝天謝地，這種美味的南美洲
穀類現在都可以在超市買到了。
藜麥粒小而精緻，含有微微的草
香，煮熟後變得蓬鬆，帶著有趣
的沙沙口感。藜麥也富含蛋白質
和纖維素。

▶ 藜麥如果沒有徹底洗淨，吃起
來會有苦味，所以我會用濾網
洗。讓藜麥在水龍頭下沖一、兩
分鐘，用手指攪動穀粒，使水在
穀粒間流動。

變化作法

▶ **焦糖化紅蔥藜麥香味飯**：不用
青蔥、薑和辣椒。如同步驟 1，
將 4 大顆切片的紅蔥加入熱油
內，轉中火，拌炒直到紅蔥變軟
且焦糖化，約 8~10 分鐘。再接
著後續步驟，到了步驟 4，用 ½
杯切碎的新鮮歐芹取代蔥綠，加
入攪拌。

延伸學習

穀類的基本知識	B3:44
準備青蔥	B4:41
準備辣椒	B4:22
準備生薑	B3:62
雞高湯	B2:64
充滿風味的蔬菜高湯	B2:62
讓水變得更聰明	B2:47

布格麥佐菲達乳酪和蝦子

Bulgur with Feta and Shrimp

時間：30~40 分鐘

分量：4 人份

一碗料理就能解決一餐，做起來超級簡單，但可以衍生很多變化。

- · 2 大匙橄欖油
- · 1 顆中型洋蔥，切小塊
- · 1½ 杯中粒或粗磨的布格麥
- · 鹽和新鮮現磨的黑胡椒
- · 1 杯切小塊的番茄（瀝乾的罐頭番茄也可以）
- · ½ 杯干白酒（像是白蘇維翁或灰皮諾），或水
- · 2 杯水，或者雞高湯、牛高湯、蔬菜高湯
- · ½ 杯剝碎的菲達乳酪
- · 225 克蝦子，剝殼，如果蝦子很大就切成 2.5 公分的小塊
- · ½ 杯切碎的新鮮歐芹葉，裝飾用

1. 把油放入大型平底煎鍋內，開中火，等油燒熱，放入洋蔥拌炒到洋蔥變軟，約 3~5 分鐘。加入布格麥拌炒，直到出現光澤並裹上油，撒一點鹽和胡椒。

2. 加入番茄和白酒，持續攪拌約 1 分鐘。加入水。將液體煮滾，轉小火，使之溫和冒泡。蓋上鍋蓋，不要攪動，約煮 5 分鐘。

3. 試吃，如果布格麥還乾乾的，多加 2 大匙水，再煮 1 分鐘。等到布格麥咬起來不再沙沙的，但還有一點嚼勁，這時加入菲達乳酪和蝦子，用叉子攪拌一下，再次蓋上鍋蓋，燜煮 5 分鐘。

4. 熄火燜至少 5 分鐘，最多 10 分鐘。嘗嘗味道並調味，再用叉子把整鍋撥鬆，上桌前用歐芹裝飾。

如果包裝上只標明布格麥，買到的通常是中粒。

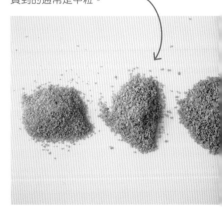

辨認粗中細 中粒最常見，不過我喜歡粗磨的，很有嚼勁，一看到就會買下。細粒布格麥最適合做早餐的穀片粥。

極簡小訣竅

▶ 布格麥有多種磨法，或說顆粒大小，有時候以數字標示：#1 是細粒，#2 是中粒，#3 和 #4 是粗磨。顆粒大小會影響布格麥煮軟的時間長短，如果加上燜置時間，細粒布格麥約 5~10 分鐘變軟，中粒需時 10~15 分鐘，而粗磨需要 15~20 分鐘。

▶ 千萬不要省掉煮熟後燜置的時間，這段時間會讓布格麥繼續變軟，並吸收水分。

變化作法

▶ **布格麥佐帕瑪乳酪和菠菜：**不用蝦子，菲達乳酪改用刨碎的帕瑪乳酪。把 450 克的新鮮菠菜大致切小段，在步驟 **3** 隨著乳酪一起加入。只要放在布格麥上面就好，菠菜自己會軟化。然後依照食譜進行接續步驟。

延伸學習

穀類的基本知識	B3:44
準備番茄	B1:48
雞高湯	B2:64
充滿風味的蔬菜高湯	B2:62
讓水變得更聰明	B2:47
蝦子剝殼	B2:26

蝦子切小塊　如果用的不是小蝦子，而是大蝦子，為了確保蝦肉能跟著布格麥一起煮熟，就要切小塊，不要大於 2.5 公分。

布格麥撥鬆　加入菲達乳酪和蝦子，用叉子攪拌後，讓布格麥離開爐火燜置一下，不要超過 10 分鐘，以免蝦子過熟。

蘑菇玉米糊

Polenta with Mushrooms

時間：1½ 小時
分量：4 人份

真要我說，這道比馬鈴薯泥美味許多。

- ½ 杯乾燥牛肝菌（約 15 克）
- 2 杯沸水
- ¼ 杯橄欖油
- 450 克新鮮的鈕扣菇或義大利棕蘑菇，切片
- 鹽和新鮮現磨的黑胡椒
- ¼ 杯紅酒
- 1 大匙大蒜末
- ½ 杯切碎的新鮮歐芹
- 1 杯中粒或粗磨的義式粗玉米粉
- ½ 杯牛奶，最好是全脂
- 1 大匙奶油
- ½ 杯新鮮現刨的帕瑪乳酪

1. 乾燥牛肝菌放入中碗，倒入沸水。把菇壓入水中，直到變軟，時間介於 5~30 分鐘，端看菇有多乾燥。等到要煮的時候，用雙手或有孔漏勺把菇撈出來，略切小塊。保留浸泡水。

2. 油倒入大型平底煎鍋，開中火，等油燒熱，放入泡過的乾燥菇和新鮮菇，撒點鹽和黑胡椒，拌炒到菇變軟、完全出水，約 10~15 分鐘。

3. 加入紅酒，滾沸約 1 分鐘，加入大蒜、¼ 杯歐芹和 1 杯浸泡牛肝菌的水，拌炒到湯汁變得稍微濃稠，需 2~3 分鐘，嘗嘗味道並調味，再熄火。

4. 義式粗玉米粉放入中型湯鍋，加入 1 杯水，攪拌到變成滑順的糊狀。倒入牛奶攪拌，並加入一大撮鹽，再以中大火加熱。煮滾時，轉中火繼續煮，過程中經常攪拌，不時加一點點水，以免產生團塊，並維持湯狀。玉米糊煮好之前大約會再加 2½~3½ 杯水，約 15~30 分鐘煮好，時間長短端看研磨粗細程度而定。煮出來的糊會變得很濃稠且十分滑順，只有一點粗粒感，攪拌時也會覺得很難攪開，有一點阻力。等玉米糊煮好，就把煮菇的爐火開到中火，快速加熱。

5. 奶油和乳酪加入玉米糊內攪拌均勻，然後嘗嘗味道並調味。上桌時把菇倒在玉米糊上，用剩餘的 ¼ 杯歐芹裝飾。

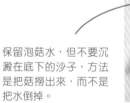

保留泡菇水，但不要沉澱在底下的沙子，方法是把菇撈出來，而不是把水倒掉。

浸泡乾燥菇 把菇泡軟的時間長短，要看菇的大小和乾燥程度而定。如果用削皮小刀很容易刺穿，表示已經泡好。

煮醬汁 等菇炒軟且紅酒逐漸收乾，加入大蒜、歐芹和泡菇水，攪拌翻炒。

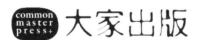

名為大家，在藝術人文中，指「大師」的作品
在生活旅遊中，指「眾人」的興趣

我們藉由閱讀而得到解放，拓展對自身心智的了解，檢驗自己對是非的觀念，超越原有的侷限並向上提升，道德觀念也
可能受到激發及淬鍊。閱讀能提供現實生活無法遭遇的經歷，更有趣的是，樂在其中。 ——《真的不用讀完一本書》

大家出版FB　　|　http://www.facebook.com/commonmasterpress
大家出版Blog　|　http://blog.roodo.com/common_master

大家出版 讀者回函卡

感謝您支持大家出版！

填妥本張回函卡，除了可成為大家讀友，獲得最新出版資訊，還有機會獲得精美小禮。

購買書名 _____ 姓名 _____

性別 □男 □女　　　　E-MAIL _____

聯絡地址 □□□ _____

年齡 □15−20歲 □21−30歲 □31−40歲 □41−50歲 □51−60歲 □60歲以上

職業 □生產／製造 □金融／商業 □資訊／科技 □傳播／廣告 □軍警／公職
　　 □教育／文化 □餐飲／旅遊 □醫療／保健 □仲介／服務 □自由／家管
　　 □設計／文創 □學生 □其他_____

您從何處得知本書訊息？（可複選）

□書店 □網路 □電台 □電視 □雜誌／報紙 □廣告DM □親友推薦 □書展
□圖書館 □其他 _____

您以何種方式購買本書？

□實體書店 □網路書店 □學校團購 □大賣場 □活動展覽 □其他_____

吸引您購買本書的原因是？（可複選）

□書名 □主題 □作者 □文案 □贈品 □裝幀設計 □文宣（DM、海報、網頁）
□媒體推薦（媒體名稱）_____ □書店強打（書店名稱）
□親友力推 □其他 _____

本書定價您認為？

□恰到好處 □合理 □尚可接受 □可再降低些 □太貴了

您喜歡閱讀的類型？（可複選）

□文學小說 □商業理財 □藝術設計 □人文史地 □社會科學 □自然科普
□心靈勵志 □醫療保健 □飲食 □生活風格 □旅遊 □語言學習

您一年平均購買幾本書？

□1−5本 □5−10本 □11−20本 □數不盡幾本

您想對這本書或大家出版說：

極簡小訣竅

▶ 義式粗玉米粉是以玉米粒磨成，現在最容易買到中粒或細粒，煮好時不像粗粒玉米粉那麼難攪動，口感也比較滑順。避免用即溶的粗玉米粉，或烘焙用的玉米粉，煮的時候也要常常試吃，確定熟度。

▶ 就像做燉飯一樣，玉米糊也需要不時看著。不需要一直攪拌，但不要離開爐火旁超過一、兩分鐘。

變化作法

▶ 用美式粗玉米粉取代義式粗玉米粉，但不要用快煮的或即溶的。

▶ 5 種適合的配菜：

1. 番茄醬汁或任一種變化作法（見 16~19 頁）
2. 煎蛋（見第一冊 22 頁）
3. 水煮青菜（見 58 頁），淋上一點橄欖油
4. 焦糖化洋蔥（見 72 頁）
5. 快炒豆子佐番茄（見 92 頁）

延伸學習

穀類的基本知識	B3:44
美味的菇類	B3:71
準備蘑菇	B1:68, B3:70
切末大蒜	S:28
切碎香料植物	B1:46
刨碎乳酪	B3:14

煮成糊狀　糊狀物即將開始滾沸時，把火關小一點，使之溫和冒泡。再多加一點水，並用打蛋器攪打或用木匙攪拌。

辨認熟度　等到攪動玉米糊時開始覺得不好攪開，且不再有粗粒感，就表示該加入奶油和帕瑪乳酪了。

我們不妨暫時拋開蔬菜多到令人目瞪口呆的顏色、風味、質地、形狀和大小，轉而把注意力放在用來烹製蔬菜的技術上，包括清蒸、水煮、微波、煎炒、烘烤、燒烤或炙烤，簡言之，就是你叫得出名稱的每一種烹製技術。只要把其中一種技巧學精，就不只是能煮某些蔬菜，而是可以煮每一種蔬菜。一旦某種方法你用膩了，或單純想拓展經驗，都可以開始練習另一種方法，到最後，你就可以用許多方法烹煮各式各樣的蔬菜。

在這一章，我也會教你以「想要怎麼吃蔬菜」的角度來思考，從只要把蔬菜煮得夠軟，一直到把蔬菜搗碎或做成濃湯。然後，我會透過一些簡單的食譜，帶你練習每一種烹煮技術，逐步提高難度。如果你是剛入門的新手，可以依循每一道食譜的步驟，最後就能做出種類廣泛、美味又簡單的各式蔬菜料理。隨著你逐漸累積經驗（或你已經有一些經驗），就可以把自己的詮釋加入食譜內，從一種蔬菜換到另一種蔬菜。

重點如下：烹煮蔬菜（我把豆類也歸到此類）絕對不像乍看之下那麼困難，有很多方法可以做得很美味，就連最挑嘴的人都會愛上很多種蔬菜。

蔬菜和豆類 Vegetables and Beans

蔬菜的基本知識

簡單分類蔬菜

若一週七天每天換一種，一整個月內你幾乎不會吃到同一種蔬菜。由於種類有這麼多，就連專家都無法認識所有蔬菜。為了方便在廚房裡處理，我將蔬菜歸為三大類，分別是青菜、軟蔬菜和硬蔬菜，主要根據從生煮到軟爛要花多久時間而定。這有助於你把食譜內的某種蔬菜換成另一種同類蔬菜，而且可以嘗試一些你原本不熟悉的種類。所以，每當遇到一種沒看過的蔬菜，不過很像同一類別裡另一種比較熟悉的蔬菜，舉個例，像青花菜和花椰菜，或甜菜和蕪菁，你就有了參考的標準。這種方法不夠科學，配上這一章所提的各種烹煮技術、訣竅和變化作法卻十分好用，你會發現烹煮各式各樣的蔬菜竟然如此簡單。

10 種水煮蔬菜的百搭配料

烹煮蔬菜不用任何調味料（頂多只加少量油脂或不加），就已經超級美味。運用以下的食材混搭，只要在上桌前撒一點或鋪一點在蔬菜上即可，最後別忘了加一點鹽和胡椒。

1. 淋一點橄欖油或芝麻油
2. 放一小塊奶油或淋上一點融化奶油
3. 擠一點檸檬汁或萊姆汁
4. 淋一點醬油
5. 撒一點切碎的新鮮香料植物
6. 撒一些刨碎的帕瑪乳酪
7. 撒一點切碎的堅果
8. 放一把烤過的麵包粉（作法可見第 5 冊 14 頁）
9. 一小塊調和奶油（作法可見本書 76 頁）
10. 淋一點油醋醬（作法可見第 1 冊 82 頁）

這樣熟了嗎？

喜歡吃蔬菜的其中一個理由是：可以按照自己的喜好，煮快一點或久一點。這一章所有的食譜都會提供適當的烹煮時間範圍，但學著用觀察和試吃來辨認熟度會更有用也更好玩。以下就是辨認熟度的方法：

生的 生蔬菜咬起來，硬硬脆脆的，色彩飽滿，在烹煮時會產生光澤。

只煮一下 沒那麼脆，比較容易咬，色澤比生蔬菜明亮許多。如果你用鍋子煎，會開始變成金色。

爽脆柔軟 爽脆柔軟的蔬菜有光澤，大致上很軟，只有中心部分帶有一點迷人的鮮脆。如果用鍋子煎，蔬菜會開始變成褐色。

柔軟 柔軟的蔬菜絲毫不脆，顏色也有點消褪。以鍋子煎的蔬菜會變成更深的褐色。

超級柔軟 超級柔軟的蔬菜很容易用叉子搗碎。若要做濃湯，蔬菜就要煮成這樣。

軟爛狀 色澤已經很淡且灰暗，甚至軟到一夾起來就裂開。實在沒有理由煮到這種階段！

蔬菜分成 3 大類

青菜　這些蔬菜只要煮一下就好，介於 30 秒到幾分鐘之間。這一類包括第 1 冊 76 頁所描述的沙拉用青菜（甚至可以把萵苣拿來煮），本書 58 頁列出的青菜（恭菜、水田芥、綠葉甘藍、羽衣甘藍、芥菜和各式青江菜），另外還包括塌棵菜，以及你在農夫市集和國際雜貨店看到的任何蔬菜。

　　這類青菜都可以同樣的方式烹煮，差別只在於烹煮時間。菜葉越細嫩，煮軟的時間就越短。你可以把較硬的菜梗與葉子分開，先放下去煮（見本書 58 頁）。水煮、清蒸、翻炒、煎炒，都是最好的烹煮方法。加熱的時候要經常查看狀況，一到你希望的軟度，鍋子立刻離火。

軟蔬菜　這類蔬菜很結實，但還沒煮的時候很柔軟易彎。烹煮時間介於幾分鐘到 30 分鐘甚至更久，視火力而定。芹菜、四季豆、蘆筍、荷蘭豆和甜豌豆、青花菜、花椰菜和蘑菇都歸到此類。我也把切塊或切片時很軟的蔬菜歸在這一類，如茄子、櫛瓜、甘藍、洋蔥、韭蔥、紅蔥和小茴香。

　　軟蔬菜的煮法比綠色蔬菜多，水煮（某些種類可以）、清蒸、翻炒、煎炒都是很好的選擇，另外油煎、烘烤、燒烤和炙烤也可以。這類蔬菜在高溫下很快就變軟，需要隨時盯著。如果把火轉小，烹煮得慢一點，會轉為褐色，而且變得非常柔滑細緻。

硬蔬菜　這一類綜合了根菜、塊莖和冬南瓜，包括馬鈴薯、蕪菁、胡蘿蔔、甜菜、芹菜根和南瓜。要花費較長的時間才能煮軟。如果把這類蔬菜刨成絲或切小塊，估計烹煮時間約 5~10 分鐘，假如切成大塊或完整放下去煮，則可能要花上 1 小時。

　　如同軟蔬菜，烹煮硬蔬菜可以採用水煮、清蒸、翻炒、煎炒、油煎、烘烤、燒烤或炙烤等方法。硬蔬菜很值得好好切塊或切片，然後烘烤或油炸，這樣會讓外側變成褐色而酥脆，內側則變得軟嫩。所有硬蔬菜都可以整顆烘烤，軟到用刀子或烤肉叉很容易插入的程度，然後放涼一點，就很容易剝除外皮，並移除所有種籽。冬南瓜就最適合用這種方法烹煮。

水煮青菜

Boiled Greens

時間：10~30 分鐘

分量：4 人份

鮮亮、味道鮮美，風味濃郁，絕不是小時候媽媽做的燙青菜。

· 鹽
· 700 克的結實青菜（如蕘菜）或軟蔬菜（如菠菜）
· 2 大匙奶油
· 新鮮現磨的黑胡椒

1. 湯鍋煮水，加鹽。在此同時修整青菜，徹底洗淨。如果你用結實的青菜，請把菜梗與菜葉分開，兩者都切成小段。假如用的是軟蔬菜，把大片葉子約略切短即可。

2. 煮結實的青菜時，一開始只把菜梗放入滾水，等到菜梗幾乎煮軟，大約是 3~4 分鐘，再放入葉子。如果煮的是軟蔬菜，全部同時放入滾水，煮到菜葉剛好變成亮綠色且軟嫩即可，水田芥和芝麻菜約 1~3 分鐘，菠菜約 3~5 分鐘，蕘菜約 5~7 分鐘，羽衣甘藍、綠葉甘藍和青江菜則約 7~10 分鐘。

3. 用濾網或濾鍋瀝乾青菜，用大湯匙向下輕壓，盡可能去除多餘的水分，或把青菜泡進冰水，以免餘溫繼續加熱，然後瀝乾，並用雙手擠出水分。最後把青菜移入大碗裡，加奶油輕拌，並撒一點鹽和胡椒。嘗嘗味道並調味即可上桌。

基本原則：菜葉和菜梗越結實，煮的時間就越久。

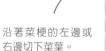

沿著菜梗的左邊或右邊切下菜葉。

修整青菜 如果是結實的青菜，請把菜梗和菜葉切開，並且分別切成容易入口的大小。假如用軟蔬菜，只要把菜梗較粗的尾端切掉，再把其餘部分切成小段即可。

放入菜梗 如果你希望菜梗變得細緻軟嫩，就先煮菜梗。但如果你希望菜梗保留爽脆嚼感，也可以不必這麼麻煩。

極簡小訣竅

▶ 我所說的結實青菜，指的是葉脈及菜梗的纖維較粗，而且莖很粗，像芹菜那樣。這類蔬菜除了茶菜，還有羽衣甘藍、綠葉甘藍和青江菜。有些結實的青菜可以生吃，但必須切小段。我所說的軟青菜，其實就是也可以做沙拉的青菜，如芝麻菜、水田芥、菠菜、蒲公英或闊葉苜菜。

▶ 水煮蔬菜不只準備起來很簡單，風味也最適合搭配任何一種調味方式。其他適合水煮的蔬菜還包括：青花菜、抱子甘藍、胡蘿蔔、甘藍、花椰菜、玉米、四季豆、青豆仁、馬鈴薯、甜豌豆、甘薯和冬南瓜。需要的話請削皮，並大致切成同樣的大小，讓每一塊都以相同時間煮熟。不時試吃，小而細緻的蔬菜幾分鐘就會煮好。

▶ 水煮後會變得很可怕的蔬菜：燈籠椒、小黃瓜、茄子、夏南瓜和櫛瓜。

延伸學習

蔬菜的基本知識	B3:56
水煮	S:32
準備青菜	B2:74
修整、削皮、切塊和切片	S:24-29

試吃熟度　要常試吃並測試熟度，比你喜歡的脆度還稍微硬一點的時候就要撈起來，因為離火以後，餘熱還會繼續加熱。

瀝掉水分　盡可能把所有水分都擠掉，青菜才不會濕答答的。其他方法：用手輕輕擠壓青菜，或甩甩濾鍋，然後放置一會兒。

清蒸蘆筍

Steamed Asparagus

時間：10~15 分鐘

分量：4 人份

清蒸比水煮更簡單，更容易控制，而且非常適合蘆筍。

· 700 克蘆筍
· 鹽
· 2 大匙奶油或橄欖油，或者適量
· 一顆檸檬汁
· 新鮮現磨的黑胡椒

1. 修整蘆筍的尾端，很粗的話就削皮。讓一根根蘆筍直立在湯鍋內，斜倚著鍋邊。加入適量的水，鍋內的水位高度約 2.5 公分。加入一大撮鹽。蓋上鍋蓋，以大火加熱。

2. 水煮滾後，讓蘆筍煮 2 分鐘，接著第一次查看。如果蘆筍較粗的部分可以用叉子輕鬆刺穿，就表示已經煮好。所需時間介於 2~10 分鐘之間，端看蘆筍的粗細而定。

3. 用夾子夾起蘆筍裝盤，在鍋子上輕輕甩掉多餘水分。抹上奶油（或淋上橄欖油），淋上檸檬汁，撒更多鹽和一些胡椒，上桌。

切下的位置約莫是刀子不會遇到太多阻力的地方。

修整蘆筍 我會在尾端開始變綠變嫩的部位下刀，只切掉一點纖維粗韌的尾端。

蘆筍削皮 尾端不一定要削皮，但削皮確實能讓纖維變少，特別是蘆筍的直徑比 1.2 公分還粗時，削皮當然是好主意。

清蒸蘆筍 把修整過的蘆筍尖斜倚著鍋邊。如果你不放心，或蘆筍會倒下來，則可取廚房用的細麻繩把蘆筍鬆鬆綁住。

如果你決定把蘆筍綁起來，請確定麻繩綁得夠鬆，不會把蘆筍弄斷。

極簡小訣竅

▶ 粗蘆筍和細蘆筍我都喜歡，但烹煮時盡量用粗細相近的蘆筍。可以買粗細全部一樣的蘆筍，也可以買粗細不一的，之後再分批煮。不同粗細的蘆筍也可以放在一起煮，較細的蘆筍一煮軟就先夾出來。若你不介意蘆筍有些較軟、有些較硬，也都可以隨意。

▶ 可水煮的蔬菜也都可以清蒸。菜梗很結實的蔬菜，如蘆筍、青花菜和花椰菜，可以直立放在湯鍋內清蒸，如果是其他大多數蔬菜，則放個蒸鍋（可見特別冊35頁），讓蔬菜完全位在水面上，才不會泡在水裡。

變化作法

▶ **清蒸蘆筍配雞蛋：**用 4 顆蛋做成炒蛋（作法見第 1 冊 20 頁）、水波蛋（見第 1 冊 24 頁）或全熟水煮蛋（見第 1 冊 19 頁）。先把奶油淋上蘆筍，之後放上蛋。接著不要淋檸檬汁，如果手邊有，可試試用 1 大匙切碎的新鮮龍蒿葉作裝飾。

延伸學習

蔬菜的基本知識   B3:56
清蒸   S:35

生薑炒甘藍

Stir-Fried Cabbage with Ginger

時間：20~30 分鐘

分量：4 人份

這道食譜大可靈活運用，變換成「生薑炒任何蔬菜」。

- 1 顆中型的大白菜，或任一種甘藍類蔬菜（約 900 克）
- 2 大匙蔬菜油，或需要的話多加一點
- 2 大匙生薑末
- 1 大匙大蒜末
- ½ 杯切碎的青蔥
- ½ 杯水、蔬菜高湯或白酒
- 2 大匙醬油
- 1 茶匙糖
- 鹽和新鮮現磨的黑胡椒

1. 大白菜的外側葉子剝掉，並切除梗心，方法是用削皮小刀在菜莖的周圍小心切出一個圓錐體再拉出來，需要的話就以刀子為槓桿，幫助施力。接著用主廚刀把大白菜剖半或剖四等分，每一部分切成薄片，薄片自然落下就是絲狀。把大白菜絲切成適口大小，用濾鍋清洗乾淨。

2. 把油倒入大型平底煎鍋，開中大火，等油燒熱，加入薑末和大蒜末拌炒 15 秒。接著 ¼ 杯青蔥、大白菜下鍋，轉大火。一邊拌炒到大白菜變軟，而且多少帶有一點褐色，約 5~8 分鐘。大白菜翻炒過程中，假如煎鍋內看起來太乾，則多加一點油（一次加 1 大匙）。

3. 火力轉中火，並加入水、醬油、糖，以及一撮鹽和胡椒。翻炒一下，再轉大火，一直翻炒，並把鍋底的任何褐屑刮起來，直到湯汁變得濃稠，且稍微收乾。嘗嘗味道並調味，再以剩餘的 ¼ 杯青蔥裝飾即可上桌。

不必太執著，薑末不需要切得太細。

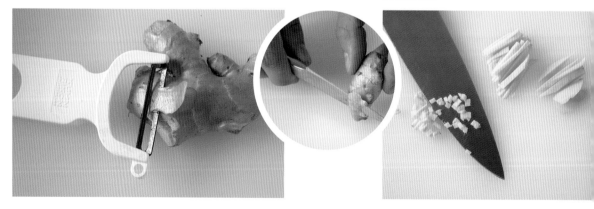

生薑削皮 用蔬菜削皮器只會削掉薄薄一層皮，保留很多薑肉，但要稍微用點技巧。

用削皮小刀削薑皮會比較快，不過會削掉比較多薑肉，有點浪費。你可以自己決定要怎麼削皮。

切成薑末 縱切成薄片，再細切成絲，接著以刀尖為軸心鍘切，把所有細絲切碎。薑粒越大顆，風味就越強烈。

極簡小訣竅

▶ 你可以用同樣的方法翻炒很多種蔬菜。例如青花菜或花椰菜（切成小塊）、抱子甘藍切絲、燈籠椒（切成條狀）、片成薄薄圓幣狀的胡蘿蔔、芹菜切片、豆芽菜，或結實的青菜，如莧菜、青江菜。菜梗和菜葉分開，菜梗先放進鍋子裡炒 2~3 分鐘，再放入菜葉。

變化作法

▶ **泰式炒大白菜：**用魚露取代醬油，炒好裝盤後擠上一點新鮮萊姆汁，再撒一點乾辣椒碎片。
▶ **地中海式炒大白菜：**不要用生薑、醬油和糖，改用橄欖油取代蔬菜油，喜歡的話也可多加 1 大匙大蒜末。

延伸學習

蔬菜的基本知識	B3:56
翻炒	S:37
準備甘藍	B1:88
切末大蒜	S:28
準備青蔥	B4:41
充滿風味的蔬菜高湯	B2:62

先爆香 火力開得很大時，一切都變化得很快，所以要緊盯著薑末和蒜末，一看到開始變色，就趕快加入大白菜。

轉為褐色變軟 爆香炒出大白菜的香氣與風味，再加入液體把大白菜煮軟。

迷迭香
烤馬鈴薯

Rosemary-Roasted Potatoes

時間：1~1¼ 小時（有時無需看顧）
分量：4 人份

適用於所有根菜類（以及許多其他蔬菜）的烹調法。

· 900 克任何一種馬鈴薯
· 2 大匙橄欖油，可視需要再加
· 鹽和新鮮現磨的黑胡椒
· 1 大匙切碎的新鮮迷迭香，或者 1 茶匙的乾燥迷迭香

1. 烤箱預熱到 200℃。馬鈴薯徹底刷淨，想要的話可以削皮。切成 2.5~5 公分的小塊，放到淺烤盤上，輕輕拌上橄欖油，撒一點鹽和胡椒。如果馬鈴薯太擠，請考慮分成兩批。

2. 進烤箱，烘烤 20 分鐘，不要撥動，然後查看狀況。如果馬鈴薯在烤盤上很容易移動，就用夾子撥一下馬鈴薯並翻面。假如看起來乾乾的，而且黏在烤盤上，則多淋上 1 大匙橄欖油。繼續烘烤，過程中翻動馬鈴薯一次，直到烤成金色，但還沒有完全柔軟熟透，這大約是再烤 20 分鐘左右。放入迷迭香攪拌均勻，然後把烤盤放回烤箱裡，繼續烘烤。

3. 等到馬鈴薯烤得表面酥脆、內裡柔軟（用鋒利的薄刃刀子可輕易刺穿馬鈴薯塊的中心），就烤好了。這可能會再多花 20~40 分鐘，端看你用的馬鈴薯種類和切塊大小而定。

4. 馬鈴薯拿出烤箱，嘗嘗味道，並用鹽和黑胡椒調味。可熱騰騰上桌，也可溫溫的吃，或放涼到常溫再吃。

用最順手的動作削皮，而且每一刀都朝外側削去（朝向自己也可以）。

如果要把馬鈴薯切成楔形，先朝中心縱切成兩半。

削皮修整 外皮可削也可不削，削的時候果決一點，視需要轉動馬鈴薯。無論有沒有削皮，如果有任何芽眼或黑點，都用削皮小刀挖掉。

馬鈴薯切塊 每一顆馬鈴薯縱剖成四等分，再橫切成同樣大小的 2.5~5 公分小塊。

極簡小訣竅

▶ 你可以烘烤任何一種馬鈴薯，不過成果會有些許差異：紅皮或白皮的蠟質馬鈴薯，會烤成外表酥脆、內部滑順。粉質馬鈴薯（像是用在烘焙上的大型暗褐色馬鈴薯）的顏色會變深，內裡又鬆又粉，很順口。萬用馬鈴薯，如常見的育空黃金馬鈴薯，則是介於上述二者之間。

▶ 削皮的馬鈴薯會烤出比較酥脆的邊緣，沒有削皮的看起來和吃起來都比較樸實。兩種方法都可以試試，看你喜歡哪一種。

▶ 根菜類，如胡蘿蔔、芹菜根、甘薯等等，最常用來烘烤。不過也可以用這道食譜去烤些想都沒想過的蔬菜，像是芹菜、茄子、蘑菇，甚至羽衣甘藍之類的結實青菜。先切成大塊，按步驟放入烤箱烘烤。如果是青菜或軟蔬菜，烤 10 分鐘就要開始查看狀況。

變化作法

▶ 蒜烤馬鈴薯：用 1 大匙（或更多）大蒜末取代迷迭香，或與迷迭香一起加入。

延伸學習

蔬菜的基本知識	B3:56
烘烤	S:41
馬鈴薯的種類	B3:75
從香料植物的硬莖剝下葉子	B2:51
切碎香料植物	B1:46

翻面 馬鈴薯烤好時，在烤盤上很容易移動。如果有點黏住，但看起來沒有很乾，則再多烤幾分鐘。假如黏得很緊，而且看起來乾乾的，可加一點橄欖油。

加入調味料 加入迷迭香的最佳時機是馬鈴薯剛轉為金色但還未熟透時，太早加入會烤焦。

烤番茄

Grilled or Broiled Tomatoes

時間：20~30 分鐘
分量：4 人份

極度高溫會烤出超多汁的成果，也是品嘗番茄的新方法。

· 4 顆大型的成熟番茄
· ¼ 杯橄欖油，可視需要多加
· 鹽和新鮮現磨的黑胡椒
· ¼ 杯新鮮現刨的帕瑪乳酪

1. 準備燒烤設備，或打開炙烤爐的開關。熱度設定為中大火，金屬架距離火源約 10 公分。番茄去除蒂頭，橫剖成 3~4 片的厚片，平鋪在帶邊淺烤盤上，淋上或刷上橄欖油，然後翻面，讓兩面都裹上油，再撒一點鹽和胡椒。

2. 目標是把番茄烤得微焦且軟，但不軟爛。

   燒烤：把番茄移到金屬架上，放到火上烤，不要撥動，直到下面開始變成褐色，也滲出一些汁液，約 3~4 分鐘。小心翻面，烤另一面，直到顏色也變深，但夾起來還不至於裂開的程度，約 1~4 分鐘，端看切片的厚度和熱度而定。

   炙烤：淺烤盤放在炙烤爐火下，不要翻面，烤到表面變成褐色且冒出泡泡，約 5~8 分鐘。任何時候番茄只要開始看起來乾乾的，且黏在烤盤上，就淋上一點點橄欖油。

3. 上桌前，把番茄裝盤，撒上乳酪。可以趁熱吃，也可以溫溫吃，或放涼到常溫再吃。

用雙手或刷子都可以。

鋸齒刀最好用，除非你的削皮小刀或主廚刀超級鋒利。

番茄切片　用前後拉切的動作橫切，這樣比較容易處理，也比縱切好看一點。

裹上一層油　讓番茄切片的兩面都裹上一層油，這樣才不會黏在烤盤上。

極簡小訣竅

▶ 火力要維持高熱。高熱的火焰會讓番茄稍微炭化，而中等火力只會把番茄烤得軟爛。如果你的炙烤爐不能控制熱度，而且似乎烤得不夠快，就讓番茄再靠近火源一點，例如把淺烤盤放到炙烤金屬架上，或把較深的烤盤反過來使用。

▶ 任何種類的番茄經過燒烤或炙烤都會增強風味（即使是罐頭番茄），不過這道料理最適合夏末秋初，因為這個時候是番茄的盛產期。

▶ 也可嘗試其他切片蔬菜：蘑菇、茄子、櫛瓜、夏南瓜或燈籠椒。

變化作法

▶ **3 種烤蔬菜的變化方法：**

1. 不用帕瑪乳酪，而是放點剝碎的藍紋乳酪，或抹上一點瑞可達乳酪。

2. 上桌前，在所有番茄表面撒上 ¼ 杯切碎的新鮮羅勒、蒔蘿、歐芹或薄荷葉。

3. 如果改良成亞洲風味，則把橄欖油換成 2 大匙蔬菜油混合 2 大匙芝麻油，並淋上一點醬油取代帕瑪乳酪。

延伸學習 ───────

蔬菜的基本知識	B3:56
燒烤	S:43
炙烤	S:42
番茄去蒂	B1:48
刨碎乳酪	B3:14

移向熱源 把番茄直接放在熱源下方或上方。烤的過程非常迅速，要在一旁緊盯。

烤番茄 如果是炙烤，就不需要翻面，假如是燒烤，則要趁番茄還結實的時候及時翻面。等越久越難翻面。

楓糖漿蜜汁
胡蘿蔔

Maple-Glazed Carrots

時間：30 分鐘
分量：4 人份

煨燉蔬菜幾乎不花力氣，美味醬汁還
會自行完成。

· 450 克胡蘿蔔
· 2 大匙奶油
· 3 大匙楓糖漿
· 鹽和新鮮現磨的黑胡椒
· ¼ 杯切碎的新鮮歐芹葉，裝飾用，非
  必要

1. 修整胡蘿蔔的頂端和底部，外皮很
   粗就削皮，然後把胡蘿蔔切成硬
   幣般的薄片，或約 0.6 公分粗的棒
   狀。放入大湯鍋，再放入奶油、楓
   糖漿、½ 杯水，以及一點鹽和胡
   椒，開大火，煮到沸騰。

2. 攪拌一次，然後把火轉小，使水溫
   和平穩冒泡，蓋上鍋蓋。煮時不要
   攪動，直到胡蘿蔔剛要開始變軟，
   也幾乎吸收了所有湯汁，約 10~15
   分鐘。如果可以用叉子輕易刺穿，
   但還會遇到一點阻力，就表示煮好
   了。

3. 拿起鍋蓋，再繼續煮一會兒，直到
   剩餘的湯汁變成濃稠的蜜汁，而且
   完全裹住胡蘿蔔，就可以離火。嘗
   嘗味道，並以鹽或胡椒調味，趁熱
   上桌，或溫溫的吃也可以，喜歡的
   話不妨用歐芹裝飾。

看起來光滑、乾淨的胡蘿蔔
只需要刷洗乾淨就好。

胡蘿蔔削皮　小心一點，不要
削掉太多肉，每個地方只削一
次就好。

如果要切成棒
狀，請把 2.5-5
公分的塊狀縱
切成片，再依
照喜好切成任
意寬度的棒
狀。

切成硬幣狀和棒狀　無論你把
胡蘿蔔切成硬幣狀或棒狀，都
要注意切成同樣的寬度，如此
才會同時煮軟。

極簡小訣竅

▶ 拇指大小的小條胡蘿蔔，標籤寫著「迷你胡蘿蔔」，事實上就是削過皮並切成小條的正常胡蘿蔔。這很方便，但不如自己切的那麼美味。

▶ 胡蘿蔔放在冰箱裡可冷藏數週，但如果輕易就可以折斷，表示已過了最新鮮的時期。冷藏之前先切掉綠色的前端（如果買的時候還有），那既不能吃，又會把胡蘿蔔的營養和水分吸走。

▶ 如果要等到放涼才上桌，請用蔬菜油取代奶油。放涼後奶油會變硬，看起來就不誘人了。

變化作法

▶ **楓糖漿蜜汁蔬菜：**你可以像這樣烹煮很多種蔬菜，不妨試用歐洲防風草塊根、蕪菁、芹菜根、四季豆、甜菜、抱子甘藍、紫甘藍或高麗菜，以及冬南瓜，切成0.6公分的小塊。只有四季豆可以不切。

延伸學習

蔬菜的基本知識	B3:56
煨燉	S:39
楓糖漿	B1:10
切碎香料植物	B1:46

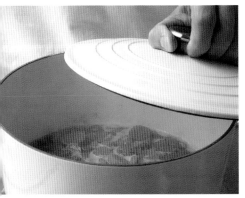

煨燉胡蘿蔔 確定湯汁是平穩冒泡，不會太劇烈，再為鍋子蓋上鍋蓋。

裹上蜜汁 燉煮胡蘿蔔的過程中查看一、兩次，等湯汁煮成糖漿狀。如果鍋子裡顯得太乾，每一次多加1大匙水。

煎蘑菇

Pan-Cooked (Sautéed) Mushrooms

時間：30~45 分鐘
分量：4 人份（約 2 杯）

不只蘑菇，事實上幾乎任何一種蔬菜都很適合煎炒。

· 450 克任一種新鮮蘑菇
· ¼ 杯橄欖油
· 鹽和新鮮現磨的黑胡椒
· ¼~½ 杯干白酒或水
· 1 茶匙大蒜末
· ¼ 杯切碎的新鮮歐芹葉

1. 徹底洗淨蘑菇並修整好。讓蘑菇的圓面向上，向下切成薄片，厚度可依照你的喜好。一開始先切 0.6 公分厚還不錯。

2. 油倒入大型平底煎鍋，開中火，等油燒熱，放入蘑菇，撒一點鹽和胡椒。不時翻炒，直到蘑菇出水變軟，鍋內的水分也漸漸收乾，約 10~15 分鐘。

3. 如果你希望蘑菇有一點醬汁，請倒入 ½ 杯白酒。假使想要煮成沒有任何醬汁的多汁蘑菇，加 ¼ 杯就好。讓湯汁沸騰冒泡、收乾 1 分鐘，同時攪拌鍋底，刮起任何褐屑，然後轉小火。

4. 等蘑菇煮到你喜歡的程度，加入大蒜和歐芹攪拌，再煮 1 分鐘就好。嘗嘗味道，並以鹽或胡椒調味。可趁熱上桌，也可溫溫的吃，或放涼後再吃。

把菇蒂末端切掉，如果是用新鮮蘑菇，則把整段菇蒂都切掉，接著再切片。

蘑菇切片 每一朵修整好的蘑菇穩穩放在砧板上，向下切，接著再把蘑菇往前推到刀刃下，重複向下切。

收乾湯汁 蘑菇放入煎鍋幾分鐘就會釋出很多水分，平穩加熱，直到所有湯汁都收乾，再繼續下面步驟。

乾燥的牛肝菌
風味最強烈。使
用牛肝菌的方法
參見本書52頁
的玉米糊食譜。

義大利棕蘑菇
也稱為迷你波特
貝羅香菇，與鈕
扣菇相較，風味
比較濃厚，顏色
也較深。

香菇
烹煮之後風味強烈
且柔軟細緻，但含
水量高，烹煮之後
會縮水很多。切下
來的菇蒂可以熬煮
高湯。

波特貝羅大香菇
很受歡迎，非常巨
大，有一股土壤香
氣，而且有肉類的
口感。

鈕扣菇（洋菇）
最常見且風味也
最溫和的蘑菇，
最適合與其他風
味較強的菇類混
搭。

極簡小訣竅

▌ 如果要煮出又脆又有嚼勁的蘑
菇，則步驟 3 不要加入液體，而
是繼續煮到顏色變深，而且邊緣
變得酥脆，要多煮 10~15 分鐘。

▌ 你可以把這道食譜的煎煮（煎
炒）技術，應用在每一種蔬菜
上。大多數蔬菜不會像蘑菇釋出
這麼多水分，而且有些蔬菜只要
炒幾分鐘就會變軟，因此要經常
查看熟度。以下依煮熟的速度由
快至慢排序：菠菜或其他軟青
菜，青豆仁和荷蘭豆，豆芽菜，
櫛瓜，四季豆，茄子，甘藍，以
及像羽衣甘藍或恭菜之類的結實
蔬菜。如果你不希望菜梗太脆，
請把菜梗切開並切小段，先放入
鍋中煮。

變化作法

▌ **亞洲風味煎蘑菇**：步驟 2 用花
生油取代橄欖油，並拿 1 小條
會辣的曬乾紅辣椒，與蘑菇一起
放入平底煎鍋，再加入大量黑胡
椒。步驟 3 用水代替酒。到了步
驟 4，放入大蒜的同時也加入 1
大匙醬油，並以胡荽取代歐芹。

延伸學習

蔬菜的基本知識	B3:56
切末大蒜	S:28
切碎香料植物	B1:46

與白酒一起煮 白酒可為食物
營造出更複雜的風味，但請把
大部分的酒液收乾，否則吃起
來酒味會太重。想要的話也可
以只加水。

加入大蒜和香料植物 加入大
蒜和歐芹之後，繼續煮 1 分鐘
左右，這兩種食材會增添非常
美好的香氣。

焦糖洋蔥

Caramelized Onions

時間：30~60 分鐘（或者再久一點）
分量：4 人份（1½~2 杯）

色澤金黃且細緻，或者像果醬，這些都很棒。

· 900 克任何種類的洋蔥（6~8 顆中型洋蔥）
· 2 大匙橄欖油或奶油，可視需要多加
· 鹽和新鮮現磨的黑胡椒

1. 切掉洋蔥的根部，去掉外皮。從頂部往下剖半，接著把剖半的洋蔥平放，再切片，這時往任何方向切都可以。

2. 把洋蔥放入大型平底煎鍋，開中火，蓋上鍋蓋煮，每隔 5 分鐘拌炒一下，直到洋蔥出水收乾，開始黏在鍋底，約 15~20 分鐘。

3. 倒入油和一大把鹽，轉中小火，不要加蓋，一邊拌炒到洋蔥變得軟嫩，且煮成你所希望的褐色和軟度，這要再多煮 5~40 分鐘不等。續煮時，可多加一點油，以免洋蔥黏在鍋底（不要超過 2 大匙），並調整火力，讓洋蔥發出溫和的滋滋聲，但不要燒焦。

4. 煮成你希望的樣子後，嘗嘗味道並調味，加入一點黑胡椒。可以趁熱上桌，或放涼後再吃。放冷藏可保存一週。

視需要調整火力，以免洋蔥燒焦。

下鍋煎煮 洋蔥看起來很多，但煮後會縮水，最後的體積不到這裡的一半。

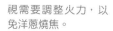

煮軟洋蔥 經過最初的 20 分鐘後，洋蔥變得比較軟且氣味溫和，但還沒有焦糖化。加了油後，再加熱至少 5 分鐘，洋蔥變得顏色較深、較軟，再接後續步驟。

變成褐色 再煮 20 分鐘後，洋蔥會變得相當褐，也會縮水，但仍條條分明。

經過一整個小時之後，洋蔥會變得柔滑細緻，呈現深褐色，而且幾乎全部化在一起，換句話說，很像果醬。

極簡小訣竅

▶ 「焦糖化」是過程，不是最後目的。真正焦糖化的，是食物所含的天然糖分，一開始加熱，這個過程就開始了。第一次試做這道食譜時，要經常試吃，只要達到你喜歡的香味或口感就可以停止。

▶ 焦糖洋蔥的運用：如果洋蔥剛煮軟，還沒有變色，可用來拌麵條或拌飯。假如變得更金黃且柔軟滑順，很適合搭配簡單煮熟的牛排、牛肉餅或豬排。變成褐色的洋蔥很像果醬，我喜歡抹在麵包上，或拌入馬鈴薯泥。

變化作法

▶ **鮮奶油洋蔥**：洋蔥切片（約 1.2 公分厚），並用奶油取代橄欖油。在步驟 **3**，將 1 杯鮮奶油與奶油一起放入煎鍋，拌炒到洋蔥吸收了大部分湯汁，醬汁也變得濃稠，約 20~25 分鐘。

▶ **焦糖（鮮奶油）韭蔥、紅蔥或大蒜**：將這些蔬菜切片，方法一如洋蔥切片，然後可以依循主食譜，也可以按照剛才介紹的變化法。這些蔬菜比洋蔥更容易也更快燒焦，因此要經常查看，並注意火力。

延伸學習

蔬菜的基本知識	B3:56
修整	S:24
切片	S:29
煎炒	S:36

馬鈴薯泥

Mashed Potatoes

時間：30~45 分鐘

分量：4 人份

只需要一把叉子。也可以用這種方法搗碎許多蔬菜。

- 900 克的粉質馬鈴薯或萬用馬鈴薯
- 鹽
- 1 杯牛奶，可視需要多加
- 4 大匙（½ 條）奶油
- 新鮮現磨的黑胡椒

1. 馬鈴薯徹底刷淨，放進大湯鍋，注入冷水，水面淹過馬鈴薯約 5 公分，加一大撮鹽。開大火，把水煮滾，煮到馬鈴薯變軟，以銳利薄刃的刀子刺入幾乎不會碰到阻力的程度，約 15~30 分鐘，視馬鈴薯的大小而定。

2. 用濾鍋把馬鈴薯瀝乾，靜置晾乾至少 5 分鐘，或可到 1 小時。想要的話可以削皮，再將馬鈴薯切大塊。

3. 清洗湯鍋，再放回爐火上，開中小火。放入牛奶和奶油，並撒點鹽和胡椒。等牛奶燒熱，奶油也融化了，約 3~5 分鐘，再將鍋子離火。馬鈴薯放回湯鍋，用馬鈴薯搗碎器壓碎或放入壓馬鈴薯泥器，直到壓成你想要的塊狀或滑順狀為止。再把湯鍋放回爐子上，開中小火，用木匙或塑膠刮刀輕輕攪動，直到馬鈴薯達到你想要的濃稠度。可多加一點牛奶（一次加 2 大匙）稍微稀釋。嘗嘗味道並調味，即可趁熱上桌，或溫溫地吃也可以。

用力過度，馬鈴薯會變黏。

搗碎馬鈴薯 搗碎器用來壓碎馬鈴薯的那一端有個鐵盤，上面布滿圓孔。

也可以用叉子壓碎馬鈴薯，只是費力一些。

調整濃稠度 輕輕攪拌馬鈴薯泥，若要多加牛奶就要慢慢加，直到濃稠度變成你想要的鬆軟或乳狀。

蠟質馬鈴薯
也許是紅色、白色甚至紫色。這類馬鈴薯最適合烘烤、水煮、清蒸、燒烤,以及你希望馬鈴薯維持形狀的料理,例如沙拉。若你想要搗碎,只要輕輕壓碎即可,否則會變黏。

粉質或赤褐馬鈴薯
最常見的用法是烘焙一整顆。煮熟後會有蓬鬆、粗粉狀的口感,也很適合做成馬鈴薯泥、焗烤馬鈴薯或炸薯條。

萬用馬鈴薯
如育空黃金馬鈴薯。內部帶有一點粉質、一點蠟質,會做出滑順又蓬鬆的馬鈴薯泥。這類馬鈴薯也很適合焗烤、水煮或清蒸,或做成沙拉。

極簡小訣竅

▸ 沸煮的時候盡量不要太常撥動,否則馬鈴薯會吸太多水。如果你煮的馬鈴薯有大有小,較小的馬鈴薯會比大的先變軟,要先撈起來。

▸ 油脂會讓馬鈴薯泥像乳狀般滑順,如果沒有全脂牛奶,就多加一點奶油或鮮奶油。也可以用白脫牛奶取代部分或全部的牛奶,那會增添令人愉悅的撲鼻香氣。

▸ 其他蔬菜也可以用這種方法壓碎,如胡蘿蔔、甜菜、歐洲防風草塊根、蕪菁甘藍、蕪菁或冬南瓜。放入水中煮滾前先削皮、修整。

變化作法

▸ **大蒜馬鈴薯泥:** 取 2 大球大蒜,去皮,在步驟 1 連同馬鈴薯一起放入湯鍋。

▸ **乳酪馬鈴薯泥:** 步驟 3 與牛奶一起加入 1 杯刨碎的帕瑪乳酪、切達乳酪或格呂耶爾乳酪,一起放入湯鍋。加藍紋乳酪也很美味,不過會讓馬鈴薯帶點灰色調。

▸ **甘薯泥:** 用甘薯取代馬鈴薯,且在步驟 3 連同牛奶和奶油加入 1 大匙薑末到湯鍋內。

延伸學習

蔬菜的基本知識　　　　　B3:56
乳製品和非乳製品　　　　B1:10

辣椒奶油
玉米

Corn on the Cob with Chile Butter

時間：15~20 分鐘
分量：4 人份

搭配調味過的奶油，幾乎什麼都不用
做，就令大家讚不絕口。

- 4 大匙（½ 條）奶油，預先放軟
- 1 大匙會辣的新鮮綠辣椒（如哈拉貝紐辣椒），切碎
- 鹽和新鮮現磨的黑胡椒
- 8 根新鮮玉米

1. 奶油放入小碗，加入辣椒，撒一點鹽和胡椒，拌勻。

2. 剝下玉米苞葉，盡可能去除玉米鬚。把突出的莖部折斷或切掉。

3. 湯鍋內裝入足量的水，水深約 2.5 公分，撒入一大把鹽，放入玉米。如果水沒有淹沒所有玉米，也不要緊。

4. 蓋上鍋蓋，開大火，煮滾。玉米越新鮮，煮的時間就越短，所以水煮滾後約 3 分鐘就要開始查看狀況。你會希望玉米煮熱且剛好變軟，但不要太老，所以不要煮超過 10 分鐘。上桌前先把玉米瀝乾，然後把辣椒奶油塗抹在整條玉米上。

為了讓奶油能夠切片，可以用蠟紙或烘焙紙把做好的調和奶油捲成圓筒，放入冰箱凝結，冷凍可保存 3 個月。

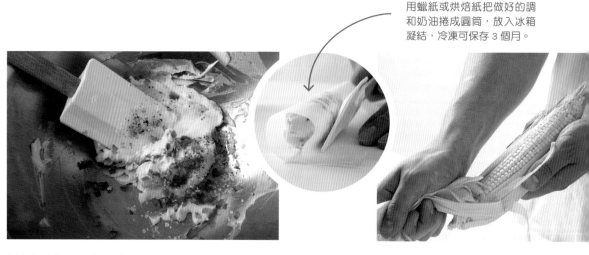

製作調和奶油 把調味料（像是辣椒）與軟化的奶油混合在一起，這個方法很容易就可以增加風味。

剝掉玉米苞葉 把一片片苞葉往下拉，拉到底部時用力扯掉。

極簡小訣竅

▶ 每個人都知道，越新鮮的玉米越美味，如果可以，請到農場的菜攤或農夫市集購買。有些超級市場也會經常補貨。尋找綠色外殼緊繃、柔軟且光滑的玉米，感覺起來很結實，連尖端都要這樣。

▶ 可提早 3 小時去除苞葉，然後放入冷水，避免玉米粒乾掉。

▶ 玉米煮熟後，可在鍋子裡靜置 20 分鐘，既可保溫也維持柔軟。

變化作法

▶ **5 種調和奶油：** 在料理任何沒有調味的蔬菜、肉類、魚類或家禽肉時，都可以把以下材料加到 4 大匙（½ 條）奶油中。

1. 2 大匙切碎的新鮮香料植物（如歐芹、細香蔥、胡荽、蒔蘿或鼠尾草）

2. 1 茶匙大蒜末

3. 2 茶匙煙燻紅辣椒粉（甜椒粉）、咖哩粉或辣椒粉

4. 2 大匙切碎的酸豆、橄欖或鯷魚（可能就不需要加鹽）

5. 1~2 大匙蜂蜜或楓糖漿

延伸學習

蔬菜的基本知識　　　　　　　B3:56

準備辣椒　　　　　　　　　　B4:22

去除玉米鬚　剝掉苞葉後，用手指去除玉米鬚，但不需要執著拔掉每一根。

清蒸玉米　不必煩惱玉米多到放不下。無論玉米是否浸在水裡，玉米粒都會同時煮熟。

酥脆紅蔥
四季豆

Green Beans with Crisp Shallots

時間：30~40 分鐘
分量：4 人份

蔬菜先水煮再煎炒，能讓你把熟度控制得更好。

· 鹽
· 700 克四季豆
· 1 大匙橄欖油
· 1 大匙奶油
· 2 顆中型紅蔥，切薄片
· 新鮮現磨的黑胡椒
· ¼ 杯杏仁切片，非必要

1. 湯鍋煮水，並加鹽。大碗裝入冷水和大量冰塊，濾皿放在旁邊備用。接著修整四季豆，把連接莖的一端掐斷或切斷，修除所有褐斑。最後切成 5 公分的小段，不切也可以。

2. 四季豆放入滾水，煮到剛好變軟，但還相當脆，約 3~5 分鐘，依四季豆的粗細大小而定。瀝乾四季豆，立刻放入冰水中，靜置 1 分鐘，冰透後瀝乾。可提早 1 天先把四季豆煮好急速冷卻，放入容器蓋好並冷藏。

3. 橄欖油和奶油放入大型平底煎鍋，開中大火，奶油融化後放入紅蔥，攪拌一、兩次，直到紅蔥變得金黃酥脆，約 5~10 分鐘。紅蔥移到鋪上紙巾的盤子，炒紅蔥的油則留在煎鍋裡。

4. 四季豆放入煎鍋內，撒點鹽和胡椒，不時翻炒，直到四季豆變得又脆又軟嫩，約 3~5 分鐘。嘗嘗味道並調味，把紅蔥撒在表面，如果備有杏仁，也撒上去，然後趁熱上桌，或放到溫溫的再吃也可以。

若要偷吃步，也可以放在水龍頭下用冷水沖，但不會像泡冰水那麼快冷卻。

修整四季豆 尾端可以吃，不過得把連接莖的較粗一端去掉。捏掉是最簡單的方法，若要更精確，也可以用削皮小刀或剪刀。

急速冷卻蔬菜 這個步驟是要鎖住蔬菜的亮綠色澤，而且立刻中止加熱的過程。

極簡小訣竅

▶ 新鮮的四季豆應該很清脆細嫩，帶一點褐斑。你可以試著從正中央折斷，如果沒有發出啪的一聲，就不要買了。

▶ 一些行話：青菜用水煮到部分熟，稱為「預煮」，把這樣的蔬菜立刻放進冷水裡中止煮熟的過程，稱為「急速冷卻」。如果你希望確保蔬菜維持爽脆和光澤，這種「預煮再急速冷卻」的作法再適合不過。在家請客也很適合這麼做，可以事先做好部分烹煮，上菜前再完成最後收尾。

▶ 同樣適合比照辦理的蔬菜，包括蘆筍、青花菜、胡蘿蔔、花椰菜、荷蘭豆和甜豌豆、任何葉菜，以及蕪菁。請徹底瀝乾，然後冷藏到使用前再拿出來。當然也可以在煮好時趁熱用奶油或橄欖油煎炒（如同這道食譜描述的方法）、翻炒、做成沙拉，或做成蔬菜棒搭配蘸醬。

▶ 手邊半顆紅蔥也沒有？不妨用中型紅洋蔥。

延伸學習

蔬菜的基本知識　　　　　　　B3:56
蔬菜棒搭配溫橄欖蘸醬　　　　B1:44

留下紅蔥油　紅蔥移走時，盡量把大部分油脂留在煎鍋，你會需要用這些油炒香四季豆。

回鍋炒蔬菜　這些預煮過的四季豆在第二次烹煮時會變得爽脆又軟嫩，也可以在煎鍋內炒久一點，炒到完全軟嫩。

蒜味甘薯

Garlicky Sweet Potatoes

時間：大約 30 分鐘

分量：4 人份

這真是一道好菜，香甜又開胃，做起來也很迅速。

- 900 克甘薯
- ¼ 杯橄欖油
- 2 大匙大蒜末
- 鹽和新鮮現磨的黑胡椒

1. 甘薯削皮，刨成絲，或用食物調理機的刨絲刀盤。應該會得到滿滿的 5 杯，多出來的可留待他用。

2. 2 大匙橄欖油倒入大型平底煎鍋，開中大火，等油燒熱，加入一半的甘薯，平鋪成均勻的一層，然後撒上一半的大蒜、鹽和胡椒。煎一下，不要攪動，直到甘薯底部開始變成褐色，且很容易在煎鍋內移動，約 3~5 分鐘。

3. 繼續煎，每隔 2~3 分鐘拌炒一次，直到大部分甘薯都呈現金黃色且變軟，但沒有糊掉，約 5 分鐘後開始查看。完成後，甘薯起鍋裝盤。

4. 用相同的步驟處理剩餘的食材。最後把第二批甘薯倒進第一批，輕拌混合在一起。嘗嘗味道並調味，再輕拌一下，即可上桌。

小心使用四面刨絲器。蔬菜削到只剩一小段時寧可丟掉，千萬別割傷自己。

蔬菜刨成絲後，體積會變得很驚人。

甘薯刨絲 用四面刨絲器的最大孔洞，拿著甘薯在那一面上下移動刨絲。也可以用食物調理機的刨絲刀盤刨絲。

甘薯下鍋 應該會滋滋作響，但不會油花飛濺或冒煙，如果會，請把火轉小。然後把甘薯均勻鋪在鍋子裡，盡可能煎褐、煎脆。

極簡小訣竅

▶ 煎褐的過程中，水分會讓甘薯捲起來。刨成絲後如果太濕（不一定如此，但確實會發生），請放到毛巾上擠乾，再下鍋煎。

▶ 其他適合的蔬菜有：蠟質馬鈴薯、芹菜根、冬南瓜、歐洲防風草塊根、蕪菁甘藍、球莖甘藍或蕪菁。

變化作法

▶ **蒜味甘薯佐培根**：不要用橄欖油，一開始先把 120 克的培根煎到酥脆（作法可見第 1 冊 11 頁），然後用有孔漏勺把培根撈出來。步驟 2 用煎鍋內的培根油脂煎甘薯。煎第二批之前，如果煎鍋內看起來很乾，可加點橄欖油。到了步驟 4，煎第二批甘薯時，把培根剝碎，放回煎鍋內煮。

延伸學習

蔬菜的基本知識	B3:56
甘薯削皮	S:25
食物調理機刨絲	B1:89
切末大蒜	S:28

如果是分批煎，不要在鍋子裡放得太擠，那樣會比較像是蒸煮蔬菜，就不會煎得又褐又脆了。

煎成褐色 盡量不要急著大動作攪開甘薯，這樣還沒有很熟的部分才有機會煎成褐色。記得調整火力，讓鍋裡維持滋滋作響，但不要燒焦。

咖哩
白胡桃瓜

Curried Butternut Squash

時間：45~60 分鐘

分量：4 人份

這是非常簡便的煨燉法，可以把結實的蔬菜煮成醬汁豐富的燉菜。

· 700 克白胡桃瓜
· 2 大匙奶油
· 1 大匙大蒜末
· 1 大匙切碎或刨碎的薑末
· 1 大匙咖哩粉
· 1 杯椰奶
· 鹽和新鮮現磨的黑胡椒
· ¼ 杯切碎的新鮮胡荽葉，裝飾用
· ¼ 杯切碎的青蔥，裝飾用
· 1 顆萊姆，切成四等分，吃的時候附上

1. 底部與蒂頭切掉，從頸部橫剖，把上半的圓柱與下半的球體一切為二。兩部分都削皮，然後縱切，用湯匙把種籽挖出。再把兩部分的瓜肉都切成 2.5 公分的塊狀，比較仔細的人可全部切小。應該會得到 5 杯的量。

2. 奶油放入大型平底煎鍋，開中火，等奶油融化，放入大蒜和薑末，拌炒到變軟且變成金色，約 2~3 分鐘。接著放入咖哩粉拌炒到散發香氣，約 1 分鐘。

3. 放入南瓜和椰奶拌勻，撒一點鹽和胡椒。轉大火，煮到滾時火轉小，使之溫和冒泡。蓋上鍋蓋煮一會兒，期間攪拌一到兩次，直到南瓜變軟、用銳利薄刃刀子可輕易刺穿的程度，約 15~20 分鐘。

4. 拿開鍋蓋，轉中大火，煮時搖動鍋子，但只要攪拌幾次就好，直到湯汁變得濃稠一點，不會超過 5 分鐘。嚐嚐味道並調味，用胡荽和青蔥裝飾，附上萊姆塊即可上菜。

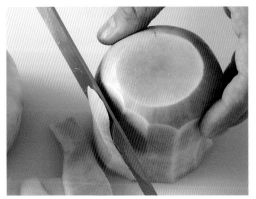

南瓜削皮 每一大塊南瓜都穩穩平放在砧板上，用刀子向下切，切的速度要慢，盡量不要切掉太多南瓜肉。

如果還有一些纖維黏得很緊，也沒有關係。

南瓜去籽 必須相當用力刮，才能去除冬南瓜的種籽和黏黏的纖維層，湯匙是最好用的工具。

極簡小訣竅

▶ 所有種類的冬南瓜之中，白胡桃瓜的表皮最薄，有時甚至可以用蔬菜削皮器削，特別是你的小刀片很銳利的話。但還是要有心理準備會用到刀子，因為大多數的冬南瓜都需要用刀子才能切下外皮。無論用哪一種方法，都只要把淡綠色的條紋外皮切掉就好，可以吃的橘色南瓜肉不要切掉太多。

▶ 同樣適合的蔬菜：甘薯、馬鈴薯、蕪菁、蕪菁甘藍、芹菜根，或者任何一種冬南瓜，包括橡實南瓜、日本南瓜和大果南瓜（但不要用金線瓜，這種瓜很容易煮到散掉）。也可以試著混合幾種一起煮。

▶ 如果不想吃乳狀咖哩，不妨用蔬菜高湯（或只加水）取代椰奶。假如想讓這道菜非常濃郁，可用鮮奶油或半乳鮮奶油。

延伸學習

蔬菜的基本知識	B3:56
煨燉	S:39
切末大蒜	S:28
準備生薑	B3:62
乳製品和非乳製品	B1:10
切碎香料植物	B1:46
準備青蔥	B4:41

切成方塊 順著南瓜的輪廓，橫剖或切厚片，然後把每一片切成相同大小，這樣可以煮得比較平均。

煨燉蔬菜 把液體和南瓜都放入鍋中攪拌，蓋上鍋蓋，熱氣會幫助蔬菜逐漸變軟。

油煎粉茄

Panfried Breaded Eggplant

時間：1~2 小時（多數時間無需看顧）
分量：4 人份

經典料理：外層酥脆，內裡超軟嫩滑順

· 4 條小茄子或 2 條大茄子（約 900 克）
· 鹽
· 3 顆蛋
· 新鮮現磨的黑胡椒
· 1 杯中筋麵粉
· 3 杯麵包粉，最好是新鮮的
· 適量的蔬菜油或橄欖油，油煎用
· ¼ 杯切碎的新鮮歐芹葉，裝飾用
· 2 顆檸檬，切成四等分，吃的時候附上

1. 茄子的蒂頭修整掉，再橫剖成 1.2 公分厚的切片。如果時間夠多，把茄子放進濾皿，拿到水槽裡，撒上 1 大匙鹽，輕拌幾下，讓茄子切片的兩面都裹上鹽，再靜置至少 20 分鐘到 1 小時。

2. 烤箱預熱到 90℃。蛋打散，把一些鹽和胡椒加到淺碗或派盤中。麵粉和麵包粉分別放在不同的盤子，裝蛋液的淺碗則放在二者中間。再取一個淺烤盤，並備好多張長方形蠟紙或烘焙紙。

3. 如果用鹽抹過茄子，先水洗，並以紙巾徹底吸乾。接著讓茄子切片裹上薄薄的麵粉，沾一點蛋液，再裹上麵包粉。每一層都最好裹得既薄且均勻，所以要將餘粉甩掉。在淺烤盤上平鋪一層茄子，蓋上一張蠟紙或烘焙紙，然後重複同樣步驟，用剩餘的茄子切片再鋪一層。整個烤盤進冰箱冷藏至少 10 分鐘至 3 小時。

4. 在大型平底煎鍋倒入足夠的油，從鍋邊看來高度約 1.2 公分，開中火，等油燒熱，拿一個盤子墊上紙巾。撒一撮麵粉到油裡，如果立刻滋滋作響，表示油已燒熱。

5. 夾幾片茄子下鍋，鍋子裡不要放得太擠。等到底部變成褐色，約 2~3 分鐘。茄子翻面，讓另一面再煎 2~3 分鐘，調整火力，讓油噼啪作響，但不要冒煙或把茄子燒焦。每一片茄子都煎好後，放到紙巾上吸油，如果另一面也需要吸油就翻面。接著移到烤盤裡，進烤箱保溫，然後煎其餘的茄子。每煎一批就再多加一點油，使油的深度維持在 1.2 公分左右，並稍微熱一下油。

6. 等所有切片都煎好，撒上一些歐芹裝飾，再搭配檸檬切塊端上桌。

不用擔心，你會把大多數的鹽沖掉。

茄子抹鹽　這個步驟可以提升茄子的口感和風味，其他含水量高的蔬菜也可以這樣做，如櫛瓜和甘藍，但不是非抹不可。

極簡小訣竅

▶ 大條的茄子比小條的常見，但也比較可能有苦味。不論哪一種，請挑非常結實的茄子，蒂頭要有新鮮的綠色，然後盡快吃掉。

▶ 茄子抹鹽：會吸走多餘的水分，並讓風味變得比較柔和，但不是非抹不可。如果沒時間做也沒關係，但最後口感會有一點濕軟，也許會比較苦，特別是如果茄子很大一條，且裡面有許多種籽。也因此，最好挑選比較小條、比較結實的茄子。

▶ 有些人喜歡削掉茄子的外皮再烹煮。我覺得那樣做很不聰明，除非外皮又粗厚又苦。我喜歡茄子的外皮，有時甚至喜歡外皮更甚於茄子的肉。

▶ 蔬菜油加熱到冒煙的溫度會比橄欖油高，但橄欖油的風味比較好。如果你決定用橄欖油，必須時時盯著茄子，並隨時準備把火轉小，以免茄子太快煎褐，或油加熱到開始冒煙。

▶ 同樣適合的蔬菜，包括櫛瓜或其他夏南瓜，以及芹菜根、蕪菁甘藍、綠色（未成熟的）番茄等。這些蔬菜都一樣，可以抹鹽也可不抹。

延伸學習

蔬菜的基本知識　　　　　B3:56
油煎　　　　　　　　　　S:44
打開蛋殼　　　　　　　　B1:20
新鮮麵包粉　　　　　　　B5:14
切碎香料植物　　　　　　B1:46

茄子裹粉　先把茄子切片放進麵粉裡，然後沾裹蛋液，最後放進麵包粉。每次沾完都輕拍茄子，讓餘粉掉回盤子。

疊起冷藏　所有茄子都沾裹完成疊好，接著放進冰箱，最少冷藏幾分鐘，使之定型。

油煎茄子　等到底部煎得又金黃又脆，就可以翻面。調整火力，讓每一面煎好的時間不超過2分鐘，而且不至於燒焦。

藍紋乳酪焗烤花椰菜

Cauliflower Gratin with Blue Cheese

時間：30 分鐘
分量：4 人份

令人食指大動，而且這道食譜還可提供各式各樣的選擇。

- 1 顆中型花椰菜（約 700 克）
- 2 瓣大蒜，不要去皮
- 3 大匙橄欖油
- 鹽和新鮮現磨的黑胡椒
- 1 杯剝碎的藍紋乳酪
- ½ 杯麵包粉，最好是新鮮的

1. 烤箱預熱到 220℃。修整花椰菜的外側葉子，從柄部切下花蕾。沒有一朵朵完美切開也沒關係，但每一塊的寬度最好大致約 2.5 公分，有需要時可以把花蕾從中切開。

2. 把大蒜放到砧板上，然後拿一把主廚刀，刀面與砧板平行，放在大蒜上，輕輕向下壓，把大蒜壓碎一點點，然後移除外皮，並修整扁平的一端。

3. 花椰菜放入大型焗烤盤，淋上橄欖油，撒一點鹽和胡椒。輕拌一下，讓花椰菜裹上橄欖油，然後平鋪成均勻的一層。把大蒜塞在花椰菜的花蕾之間，接著進烤箱烤到花蕾逐漸變成褐色，花莖也變得又脆又嫩、用薄刃刀子可刺穿但會遇到一點阻力的程度，約 10~15 分鐘。

4. 取出焗烤盤，把大蒜拿掉。在花椰菜上面均勻撒上藍紋乳酪，再撒上麵包粉。再進烤箱烤到乳酪開始冒出氣泡，麵包粉也烤成金黃色，這要再烤 10~15 分鐘。趁熱上菜，或溫溫的吃也可以。

把大朵花蕾切成容易入口的大小，可以用手指剝，也可以用刀子切。

修整花椰菜 只要除掉外側葉子，很容易就能看出花莖是從哪些部位長出來的。

切下花蕾 從花椰菜的基部開始，一路切到柄部頂端，每一朵都留一點花莖。等到柄部上的花蕾全部切下，剩下的柄部就可以丟掉。

極簡小訣竅

▶ 焗烤可以應用於任何食材,如蔬菜切片、切塊或一整棵,也可以應用於麵條、魚類,通常會在上面放配料,然後烘焙或炙烤,直到烤成漂亮的褐色。為了節省步驟,可把花椰菜放在烘焙烤盤裡預先烤熟(如同我這裡的作法),不過也可以用清蒸、水煮、燒烤、炙烤或煎煮等方法處理蔬菜,再開始焗烤。當然也可以用隔夜菜來烤。

▶ 同樣適合的蔬菜,包括結實的青菜,如甘藍、蕪菜或羽衣甘藍,以及青花菜、冬南瓜、馬鈴薯或甘薯,或者芹菜或小茴香。

▶ 壓碎的大蒜瓣放入蔬菜內一起烤,上菜前拿掉,會讓大蒜的香氣稍微融入蔬菜,但不至於喧賓奪主。

變化作法

▶ **帕瑪乳酪焗烤青花菜:** 用青花菜的花蕾取代花椰菜,並用刨碎的帕瑪乳酪取代藍紋乳酪。

延伸學習

蔬菜的基本知識　　　　　　　B3:56
新鮮麵包粉　　　　　　　　　B5:14

壓碎大蒜並去皮 壓的力道要夠大,把大蒜瓣稍微壓扁,並聽到「啵」的一聲,但又不要大到把大蒜壓爛。壓過之後,外皮就很容易剝離。

放配料的時機 要加入配料時,花椰菜應該剛好烤成淡淡的褐色,如果原本就烤得更深,那等一下乳酪都還沒融化、麵包粉也還沒烤脆,花椰菜就會烤焦了。

櫛瓜煎餅

Zucchini Pancakes

時間：30~40 分鐘（外加冷藏的時間）
分量：4 人份

蔬菜煎餅可以把日常食材變成特別的大餐。

· 900 克的櫛瓜
· ½ 顆中型洋蔥
· 2 顆蛋
· ¼ 杯中筋麵粉或麵包粉，最好是新鮮的，可視需要多加
· ½ 杯新鮮現刨的帕瑪乳酪
· 鹽和新鮮現磨的黑胡椒
· ¼ 杯橄欖油，可視需要多加

1. 修整櫛瓜的兩端。用四面刨絲器的大孔或食物調理機的刨絲刀盤，把櫛瓜和洋蔥刨成絲。用篩網或雙手盡可能把水分都擠掉。

2. 取一只大碗，用叉子把蛋打散，再放入蔬菜，以及麵粉、帕瑪乳酪、一點鹽和黑胡椒。如果麵糊看起來水分太多，就加一點麵粉，一次加入 1 大匙（做成的混和物可以放入冰箱冷藏，最多 1 小時）。

3. 烹調時，2 大匙橄欖油倒入大型平底煎鍋，開中大火，等油燒熱，舀出一匙麵糊小心放入鍋中，用叉子把麵糊攤開、稍微壓平。你會需要分成兩、三批煎，以避免鍋子太擠。

4. 煎一下，不要撥動，直到煎餅底部變成褐色，約 5~8 分鐘，注意調整火力，使之滋滋作響但不至於煎焦。煎餅翻面，第二面再煎 5~8 分鐘。煎好後，移到紙巾上吸油，如果煎鍋內看起來乾乾的，就多加 1 大匙油，然後重複上面步驟，直到麵糊全部煎完。可趁熱吃，也可放到常溫吃。

櫛瓜會釋出大量水分，但麵粉和麵包粉會吸水，所以蔬菜餅才能煎脆。

麵糊的黏稠度 麵糊應該很容易從湯匙滴下，但又不會太濕滑。可以多加一點麵粉或麵包粉（一次多加一點點），以達到這樣的黏稠度。

用鏟子鏟起，查看底部煎成什麼顏色。

煎蔬菜煎餅 油應該要夠熱，這樣才能用大致相同的時間把兩面的表面煎褐、內部煎透。

上菜時可以吃原味，或在
旁邊放一點酸奶油、優格
或莎莎醬當蘸料。

極簡小訣竅

▶ 手刨菜絲的形狀會與食物調理
機刨成的菜絲略微不同，但都可
以。

▶ 可以把煎餅做成適口大小，當
作開胃小菜或點心，也可以做得
較大，當作主菜或三明治的夾心
餡，但厚度不要超過 1.2 公分，
否則不容易熟透。

▶ 同樣適合的蔬菜（一開始先用
大約 900 克的生蔬菜），有刨成
絲的胡蘿蔔、芹菜根、甜菜、小
茴香、甘薯或冬南瓜，已煮熟的
菠菜或其他青菜（要把多餘的水
分擠掉），切小段的豆芽菜。

變化作法

▶ **亞洲風味蔬菜煎餅：**麵糊不加
乳酪，改加入 1 大匙刨碎或切碎
的薑末、1 大匙大蒜末、¼ 杯切
碎的青蔥。另外，用蔬菜油取代
橄欖油。

延伸學習

蔬菜的基本知識	B3:56
判斷煎鍋的熱度	B1:34
將軟蔬菜刨成絲	B3:30
將刨成絲的蔬菜弄乾	B1:72
新鮮麵包粉	B5:14
刨碎乳酪	B3:14

豆類的基本知識

要不要泡水？

如果你想把乾燥的豆子煮得超級軟，或想稍微縮短烹煮時間，豆子先泡水會很有用。不過我很少這麼做。

小扁豆和去莢的青豆仁絕對不需要泡水。至於其他豆類，有兩種選擇：泡水時間短一點，可以把豆子放在大湯鍋內，讓水蓋過豆子約 7.5~10 公分高，煮沸 2 分鐘，蓋上鍋蓋，關火，靜置 30 分鐘到 2 小時。

如果要泡久一點，讓水面蓋過豆子約 12.5~17.5 公分高，靜置 6~12 小時，然後瀝乾。不要泡更久，否則會煮太爛，且風味盡失。無論用哪一種方法，之後都可用於任何一道食譜，只是會更快煮熟，所以加熱 15 分鐘就要開始查看熟度。

如何烹煮豆類

乾燥的豆子有各式各樣的形狀、大小和顏色，但烹煮時基本上可以互換，特別是這裡介紹的萬無一失煮法。1 杯乾豆可以煮出 2½~3 杯熟豆或 3~4 人份，450 克的乾豆會煮出 5~6 杯熟豆或 6~8 人份。所有豆子都可以在儲藏櫃內存放數月。

清洗豆子 所有豆子在烹煮前都應該清洗乾淨。放在水龍頭下沖洗，用手指撥動，把任何乾枯、破損或褪色的豆子或小石頭都挑掉。如果豆子要在烹煮前泡水，則泡水前就要清洗並挑揀過。

7.5-10 公分大約是食指的平均長度。

用大量的水慢慢煮 把豆子放入大湯鍋內，加入足量的水，淹過豆子約 7.5~10 公分高，煮熟的豆類會膨脹至原本的 2 倍大。一開始開大火，然後調整火力，讓水微微冒泡，並蓋上鍋蓋。劇烈沸騰或水量不夠會讓豆子彼此碰撞，造成外皮裂開或散掉。豆子越大顆，烹煮時間就越長。小扁豆和去莢青豆仁的烹煮時間就很短，不到 20 分鐘就會煮熟，鷹嘴豆可能需要 2 小時或更久。時間差異非常大，依豆子的新舊和乾燥程度而定。

罐頭豆

與自己烹煮乾燥豆子相比,罐頭豆比較貴、比較軟爛,風味也比較差。但如果你需要在平日晚上很快煮好晚餐,手邊又剛好沒有自己煮的豆子,那麼罐頭豆確實很方便。

如果要在任何食譜裡運用罐頭豆,請估算 2½ 杯(標準罐頭的容量),大約等於任何食譜所需的 225 克乾豆。假如食譜用的是煮熟的豆子,則用相同分量的罐頭豆取代。把罐頭豆倒入濾鍋或濾網,瀝掉所有水分,並用水龍頭的冷水清洗。食譜的作法若是從乾燥豆開始,則等到烹煮過程的最後 5 分鐘左右再加入罐頭豆。

剛煮軟　　很軟　　柔滑

時時查看烹煮狀況　豆子要煮到咬起來完全不脆,且符合你想要的軟度,從幾乎剛煮軟到柔滑裂開都可以。唯一的確認方法是試吃。如果是小顆的豆子,如小扁豆,烹煮後大約 20 分鐘開始試吃,之後每隔 10~15 分鐘試吃一次。假如豆子較大,如腎豆,則從烹煮後 30 分鐘開始試吃。煮豆子的時候,蓋過豆子的水深至少要有 5 公分,需要的話再加一點水並調整火力,讓水慢慢滾沸。等到豆子開始變軟,加入一大撮鹽,胡椒的量則是依照你的喜好。

瀝乾豆子　將篩子或濾鍋架在大碗上過濾豆子,或用有孔漏勺撈出來。這樣做是想保留煮豆的湯汁。湯汁很有風味,而且重新加熱豆子時遲早會用到(在很多道食譜裡,你可以這湯汁取代高湯)。煮好的豆子要立刻使用,或移到密封容器裡,倒一點煮豆汁蓋過豆子,放入冰箱最多可冷藏 5 天或冷凍保存 6 個月。

11 種可加入的調味食材

若要讓豆子多一點風味,可把以下任一種材料加入水裡一起煮。等到豆子煮熟了,再把不能吃的部分撈出來。

1. 1~2 小條的乾燥紅辣椒
2. 1 整顆檸檬、萊姆或橙
3. 1 枝新鮮的百里香或迷迭香
4. 數枝新鮮的歐芹、胡荽、羅勒或薄荷
5. 一塊用剩的帕瑪乳酪外皮
6. 4 片月桂葉
7. 3~4 瓣大蒜
8. 1 塊帶肉的豬骨
9. 225 克切小塊的生香腸或煙燻香腸
10. 數片煙燻培根
11. 1225 克生的豬肩肉(肥一點比較好,不需要切掉脂肪)

快炒豆子佐番茄

Quick Skillet Beans with Tomatoes

時間：大約 30 分鐘

分量：4 人份

快速又多汁的料理，溫溫吃、涼涼吃或熱熱吃都很棒。

- 2 大匙橄欖油
- 1 顆小型洋蔥，切小塊
- 1 大匙大蒜末
- 1½ 杯切小塊的番茄（罐頭也可以，不必特意瀝乾）
- 2 杯冷凍的去殼皇帝豆或毛豆（不必解凍）
- 鹽和新鮮現磨的黑胡椒
- 2 大匙切碎的新鮮奧勒岡葉，裝飾用，非必要

1. 油倒入大型平底煎鍋，開中大火，油一燒熱，放入洋蔥和大蒜，拌炒到洋蔥開始變軟，約 3~5 分鐘。

2. 放入番茄，並調整火力，使油汁溫和冒泡。煮一下，攪拌到番茄開始要斷開，且呈現醬汁狀，約 10~15 分鐘。如果番茄看起來太乾，可以加一點水，每次加入 2 大匙。

3. 豆子倒進去攪拌，撒點鹽和胡椒。

煮到豆子變軟，且完全熱透，約 5~7 分鐘。嘗嘗味道，加鹽和胡椒調味，如果你準備了奧勒岡葉，就在此時撒上去，然後上桌。

這道食譜也可以使用罐頭的切塊番茄，特別是沒有當令的新鮮番茄時。

像這樣的煮法，番茄主要用來調味。

番茄下鍋　加入番茄時，洋蔥和大蒜還未軟透也沒有關係。番茄煮到冒泡的過程中，洋蔥和大蒜還會繼續變軟。

豆子下鍋　番茄會煮糊，釋出很多水分，且開始變濃稠。就是在這個時候加入豆子。

為了讓這道料理更豐富，也可以放在厚片吐司、米飯或麵條上吃。

極簡小訣竅

▶ 你有時可以買到少數幾種新鮮或冷凍的豆子，最常見的是皇帝豆和毛豆（未成熟的大豆）。不過只要看到黑眼豆、木豆、蠶豆或蔓越莓豆，無論是冷凍或新鮮，還在豆莢內或已去莢，只要是在農夫市集看到，就買下來，這些豆子是難得的美食，與乾燥豆有天壤之別。烹煮速度也比乾燥豆快，通常不到一半的時間。但是要經常查看狀況，因為每一種豆子所需的時間很不一樣。如果你買到的新鮮豆子還在豆莢裡，要把豆莢剝開，將豆子擠出來，雖然有點麻煩，但絕對值得。如果是蠶豆，還要把每顆豆子的外皮剝掉。有時可以買到冷凍的蠶豆，而且已經剝皮，這也不錯。

▶ 如果要用罐頭豆取代這道食譜裡的冷凍豆，請試著用比較結實的豆子，像是白腰豆或鷹嘴豆。把罐頭豆類瀝乾並洗淨，而後在步驟 3 加入，只要煮 5 分鐘就足以熱透了。

變化作法

▶ **日本風味快炒毛豆：**用毛豆而不用皇帝豆，日本料理很習慣吃毛豆。用蔬菜油取代橄欖油，用 ½ 杯切碎的青蔥取代洋蔥，並用醬油取代奧勒岡葉。

延伸學習

豆類的基本知識	B3:90
切碎洋蔥	S:27
切末大蒜	S:28
準備番茄	B1:48
切碎香料植物	B1:46

普羅旺斯風味鷹嘴豆

Chickpeas, Provençal Style

時間：1~2 小時（多數時間無需看顧）
分量：4 人份

鷹嘴豆的湯汁實在太美味了，你會希望麵包吸飽那些湯汁。

- 1½ 杯乾燥的鷹嘴豆（約 360 克），洗淨並挑揀過
- 鹽和新鮮現磨的黑胡椒
- 4 片厚片的法式或義式麵包（隔夜的也很好）
- 1 大匙大蒜末
- ¼ 杯橄欖油，多準備一點淋在料理上
- ½ 杯切碎的新鮮歐芹葉，裝飾用

1. 鷹嘴豆放進大型深湯鍋，加入足量的水，水面蓋過鷹嘴豆約 7.5 公分深，開大火煮滾。調整火力，讓水溫和冒泡，然後蓋上鍋蓋。不時攪拌，約煮 30 分鐘，然後試吃一顆鷹嘴豆，確認熟度。如果鷹嘴豆開始變軟，加入一大撮鹽，並撒入一點現磨黑胡椒。如果還是硬硬的，重新蓋上鍋蓋繼續煮，每隔 10~15 分鐘查看一下，開始變軟就加鹽。

2. 繼續煮，每隔 15 分鐘左右查看狀況並攪拌，直到鷹嘴豆已煮得相當軟，但豆形還很完整，這大約是你加鹽之後的 15~45 分鐘。查看豆子的時候如果覺得看起來乾乾的，就加入適量的水，讓水面淹過豆子 2.5 公分高。

3. 豆子繼續煮時，烤箱預熱到 200°C。把麵包約略撕開或切開成適口大小，平鋪在淺烤盤上。烘烤這些麵包，過程中翻面一次，直到微微烤香，約需 10~15 分鐘。上菜時麵包不一定要熱熱的，所以只需放置一旁，等到最後一起端上桌。

4. 同一時間，繼續每隔 15 分鐘看一下鷹嘴豆。等到豆子完全煮軟，而且剛要開始裂開，加入大蒜和橄欖油攪拌，然後嘗嘗味道並調味。要吃之前，把麵包放在淺碗裡，用湯匙舀起鷹嘴豆和一些湯汁淋上去，喜歡的話，最後可以再淋上大約 1 大匙的橄欖油，並用歐芹裝飾。

查看熟度 你不會想吃這種階段的豆子，還太硬。不過，只要你開始可以用手指捏碎豆子，就表示該加鹽和胡椒了。

切麵包 用鋸齒刀把麵包切成不均勻的塊狀，會讓這道料理有種令人愉快的樸實感。

湯汁的風味若要最好,到了快要煮好的時候,水面盡量不要比鷹嘴豆高過 2.5 公分。

判斷柔軟度 我喜歡鷹嘴豆有一點滑順和裂開。如果想吃結實一點的豆子,要更早停止烹煮。

極簡小訣竅

▶ 可提早 3 天把這道料理的各個部分準備好,最後再組合起來端上桌。讓豆子浸泡在煮汁裡冷藏,並把麵包存放在密封容器內,等到上菜前再重新加熱豆子和煮汁。鷹嘴豆和所有豆子一樣,可以冷凍存放好幾個月。

▶ 煮熟鷹嘴豆的時間會比絕大多數的豆子更難拿捏,我曾經在 30 分鐘內就煮軟,但放久一點的豆子竟然煮了 2 小時以上。總之要時時試吃,而且有耐心。

變化作法

▶ **4 種變化:**

1. 步驟 4 要加入大蒜時,同時把 120 克切小塊的義式乾醃火腿、煙燻火腿、煮熟的香腸或西班牙辣香腸加入湯鍋內。
2. 用切碎的杏仁或榛果取代歐芹,或連同歐芹一起加入。
3. 表面撒一些新鮮現刨的帕瑪乳酪。
4. 加入大蒜時,同時加入 ½ 杯風乾番茄到湯鍋內。

延伸學習

豆類的基本知識	B3:90
麵包和三明治的基本知識	B5:10
切末大蒜	S:28
切碎香料植物	B1:46

西班牙風味
小扁豆
佐菠菜

Spanish-Style Lentils with Spinach

時間：45~60 分鐘

分量：4 人份

這是以一鍋簡單的小扁豆做成多種異國風味的最佳示範。

- 2 大匙橄欖油
- 225 克的煙燻西班牙辣香腸，切小塊
- 1 顆中型洋蔥，切小塊
- 1 大匙大蒜末
- 1 大匙煙燻紅辣椒粉（甜椒粉），或 ½ 茶匙捏碎的番紅花絲
- 1 杯乾的褐扁豆，洗淨並挑揀過
- 2 片月桂葉
- ½ 杯帶有果香的紅酒
- 2 杯水，或者雞、牛或蔬菜高湯，可視需要多加
- 450 克菠菜，大致切成小段
- 鹽和新鮮現磨的黑胡椒

1. 油倒入大湯鍋，開中火，等油燒熱，放入西班牙辣香腸和洋蔥。拌炒到洋蔥炒軟，香腸也開始變成褐色，約 5~7 分鐘。加入大蒜和紅辣椒粉，繼續拌炒，直到發出香氣，約 1 分鐘。

2. 拌入小扁豆、月桂葉、紅酒和水，轉大火煮到滾，再調整火力，使之溫和冒泡。蓋上鍋蓋煮一下，不時攪拌，需要的話再多加一點水淹過豆子，直到扁豆咬起來不再脆脆的，但還是有點硬，這約需 20~30 分鐘。可提早 2 天把料理做到這個階段，要繼續往下做之前再重新加熱。然後撈出月桂葉。

3. 拌入菠菜，撒點鹽和胡椒，然後繼續煮，直到扁豆完全變軟，菠菜也煮軟收縮呈醬汁狀且相當濃稠，這要再煮 5~10 分鐘。嘗嘗味道並調味，趁熱上桌，或溫溫地吃也可以。

任何味道都比不上辛香料在油中拌炒的香氣。

爆香　如果你把所有材料同時放進熱油裡，比較不結實的大蒜和辛香料就會燒焦，這些食材只需要大約 1 分鐘就會炒出香氣。

烹煮扁豆　扁豆會吸收鍋內所有材料的風味。把蓋子蓋上開始煮之後，只需要查看一、兩次就好。

鍋子裡的月桂葉應該不難找，加入菠菜前記得先撈出來。

加入菠菜 菠菜很快就煮熟，要等到小扁豆幾乎煮軟時，再將菠菜加進去攪拌。

極簡小訣竅

▶ 扁豆究竟何時算煮好，請相信你的牙齒，而非時鐘。這絕對是良心的建議！

變化作法

▶ **法式風味小扁豆佐青豆仁：** 如果你買得到，要用「勒皮」（Le Puy）法國小綠扁豆。把厚切培根切小塊，取代西班牙辣香腸，並用冷凍青豆仁取代菠菜。紅辣椒粉也不加。在步驟 3 加入青豆仁攪拌時，另加 2 大匙第戎芥末醬，以及 1 茶匙切碎的新鮮龍蒿。

▶ **北非風味小扁豆佐胡蘿蔔：** 不要加西班牙辣香腸，並用 4 條中型胡蘿蔔切小塊取代菠菜。換掉紅辣椒粉，改用 1 茶匙薑黃粉、1 茶匙肉桂粉和 1 茶匙孜然粉。在步驟 2，用 1 個切塊番茄的大罐頭（780 克）包括湯汁，取代原本的紅酒和 1 杯水。繼續按照食譜進行。

延伸學習

豆類的基本知識	B3:90
香腸的種類	B4:35
切碎洋蔥	S:27
切末大蒜	S:28
沙拉用青菜的選購、整理和儲存	
	B1:77

燉烤黑豆佐米飯

Baked Black Beans with Rice

時間：大約 2 小時（多數時間無需看顧）

分量：4~6 人份

簡單到不可思議的一鍋煮主食，光靠烤箱就可以搞定酥脆的表面。

- 2 大匙橄欖油
- 1 顆中型洋蔥，切小塊
- 1 顆中型紅燈籠椒，去核、去籽並切小塊
- 1 大匙大蒜末
- ¾ 杯乾的黑豆，洗淨並挑揀過
- 1½ 杯長粒白米
- 鹽和新鮮現磨的黑胡椒
- ½ 杯切碎的新鮮胡荽葉，裝飾用

1. 油倒入可直接進烤箱的大型湯鍋，開中火，等油燒熱，放入洋蔥、燈籠椒和大蒜，拌炒到蔬菜變軟，約 5 分鐘。

2. 加入黑豆攪拌，並加入適量的水，淹過所有材料約 5 公分高，轉大火，煮滾，然後調整火力，使其溫和冒泡。蓋上鍋蓋煮一下，不時攪拌，需要的話再加水，讓豆子一直浸泡在湯汁裡，直到豆子逐漸變軟，但豆心還是硬的，約 45~60 分鐘。

3. 烤箱預熱到 170℃。用叉子、湯匙背面或馬鈴薯搗碎器把湯鍋內的一些豆子約略搗碎，而至少讓半數的豆子保持完整。

4. 米放入湯鍋內，撒一大把鹽和胡椒，徹底拌勻，再讓豆子和米沉澱在湯鍋底部。湯汁要蓋過所有材料大約 2.5 公分高，如果沒有，就加入適量的水。如果湯鍋內的水太多，用湯匙舀出一些保存起來，等一下需要時再加回去。

5. 湯鍋不加蓋移到烤箱內，烤到米和豆子都變軟，約 1 小時。如果米和豆子還沒煮好就變得很乾，就加一點水或剛才保留的湯汁，每一次加入 ¼ 杯。嘗嘗味道並調味，然後用叉子撥鬆，用胡荽裝飾，然後上桌。

煮豆子的時候要經常查看狀況。一定得咬咬看或剝開看看，以判斷裡面的質地。

預煮 煮到豆子外表變軟，但豆心還有一點硬的時候，就可以進烤箱。

放入米 放入米粒，拌勻並沉澱下來後，檢查混合物上方的湯汁高度是否不超過 2.5 公分。寧可稍等一下再加水，也不要讓料理變得太稀太濕。

極簡小訣竅

▶ 這道好菜可以預先做好。煮熟放涼後，蓋起來可冷藏 2 天，要吃的時候蓋上鍋蓋，放入 170°C 的烤箱內重新加熱，直到完全熱透，約 30~45 分鐘。

▶ 罐頭豆很適合用在這裡，你只要花一半的時間就可以把晚餐端上桌。取兩個 450 克的黑豆罐頭，將黑豆瀝乾並洗淨，在原本要加入乾黑豆的時候，把罐頭黑豆倒進去攪拌，同時加入適量的水，淹過豆子約 2.5 公分高，接著煮熱，約 5 分鐘，然後繼續進行步驟 3。

變化作法

▶ **黑眼豆佐米飯：**這是傳統美國南方菜「跳躍約翰」的簡易版。用黑眼豆取代黑豆，在步驟 4 加入米時，同時加入 1 杯切小塊的煙燻火腿或香腸，以及 1 大匙切碎的新鮮百里香葉。以歐芹裝飾，取代胡荽。

延伸學習

豆類的基本知識	B3:90
切碎洋蔥	S:27
準備燈籠椒	B1:85
切末大蒜	S:28
米的基本知識	B3:34
切碎香料植物	B1:46

豆堡排

Bean Burgers

時間：30~40 分鐘（使用預熱的豆子）
分量：4~8 人份

這實在太美味了，你會想要把食譜的分量變成2倍，然後冷凍一些隨時吃。

- 2 杯白豆、黑豆、紅豆、鷹嘴豆或小扁豆，煮熟或罐頭瀝乾的都可以
- 1 顆中型洋蔥，切成塊狀
- ½ 杯燕麥片，可視需要多加
- 1 大匙辣椒粉
- 鹽和新鮮現磨的黑胡椒
- 煮豆的湯汁或水，視需要加入
- 2 大匙橄欖油，視需要多加一點

1. 烘焙紙或蠟紙鋪在淺烤盤上。豆子、洋蔥、燕麥和辣椒粉放入食物調理機，撒一撮鹽和胡椒。開機攪打，不時停下來，把黏在側邊的東西刮下來，直到完全混勻，但還沒有變成濃湯狀，約攪打 1 分鐘。如果沒有食物調理機，請用馬鈴薯搗碎器在大碗裡搗壓。

2. 在食物調理機裡靜置 5 分鐘。混合物最好有濕潤的黏稠度，很容易捏成餅狀。水分若太多，多加一點燕麥，一次加入 1 大匙。如果太乾，加一點煮豆湯汁或水，一次加入 1 大匙。每次加入東西都再用機器攪打一下或搗碎。

3. 將 2 取出，捏成 4 大塊或 8 小塊豆餅，放在淺烤盤上，再靜置 5 分鐘。

4. 橄欖油放入大型平底煎鍋，開中火，等油燒熱，放入豆餅。煎一下，不要撥動，直到底面變成酥脆的褐色，約 3~8 分鐘。如果煎鍋內看起來乾乾的，多加一點油，然後用鍋鏟小心翻面，再煎另外一面，直到豆堡排變得結實，另一面也煎成褐色，這要再花 3~5 分鐘。趁熱上桌，或溫溫地吃也可以，同時搭配其他配菜，或夾在圓麵包裡，搭配平常的漢堡配料。

捏的動作越少越好。如果沒弄好，可以把豆餅放回碗裡，重新捏一次。

辨識濕度 用兩隻手指捏起一點混合物，如果覺得太濕，就加一點燕麥，一次加 1 大匙。如果太乾，一撥就碎，則一次加入 1 大匙湯汁。

捏成豆餅 如果豆堡排太黏，雙手可以沾一點水，再捏塑成形。

極簡小訣竅

▶ 罐頭豆的口感超級軟，風味輕淡，也能配合各種調味，在這道食譜很好用。

▶ 把豆子混合物及豆餅靜置幾分鐘，是希望豆堡排不要散開、塌掉。如果有時間，可以把豆餅放在加蓋的密封容器內，放入冰箱冷藏 1 小時到 1 天，或冷凍保存 1 個月，要烹煮前再拿出來回復到室溫。

變化作法

▶ 乳酪豆堡排：在步驟 3 之前，取出食物調理機的刀片，放入 ¾ 杯新鮮現刨的帕瑪乳酪、切達乳酪、瑞士乳酪、傑克乳酪或莫札瑞拉乳酪，與食物調理機裡面的食材攪拌均勻，接著進行步驟 3 的捏塑豆餅。

▶ 青菜豆堡排：步驟 1 加入 1 杯煮熟的青菜，與食物調理機裡的食材混合起來。放入之前記得把青菜的水分壓乾（見本書 59 頁）。

延伸學習

豆類的基本知識　　　　　　　B3:90

測試油溫　有一點很重要，那就是油要燒熱，再放入豆餅，這樣才能很快煎出酥脆的表面。如果不確定油溫，拿一點點豆泥放到煎鍋裡，夠熱的油應該要立刻滋滋作響。

豆堡排翻面　從煎鍋上抬起來，要抬夠高才有空間翻面。豆堡排不會散開，但不會像肉堡排那麼結實。

13 種場合的菜單準備

做自己想做的菜

要列出一餐的組合時，我不會拘泥於一般的慣例。我總是主張：「就吃你喜歡的！」這個方法對初學者而言真是一大福利，畢竟要擔心的大小事實在太多。也因此，這本書把重點放在單一菜色，而不是菜單之類的東西，唯一的例外是基礎的上菜建議。

話說回來，某些指引對擬定菜單還是很有用，特別是要請客、準備一頓大餐的時候。這裡的各種組合可以給你一些想法，不妨由此開始。若不熟悉各道食譜作法，可參照每道菜後面所標示的《極簡烹飪教室》分冊頁次。

營養是飲食的核心，因此擬定菜單時，最少要花費一些心思去留意「平衡飲食」，也就是涵括多種食物。但要吃得好，不必非得是營養學家不可，只要稍微注意風味、質地和色彩等方面的組合，且從最新鮮、加工最少的食材著手，就可以吃得營養，也能夠盡情享用。

有一個重點永遠值得留意：菜餚可以趁熱上桌，也可以放到室溫再吃。關於平常用餐及宴客的時候如何擬定菜單，還可參考本系列第一冊 38 頁及特別冊〈廚房黃金準則〉。

週末早餐的手作菜單

以一道菜為主。也許再搭些肉類，再切一點水果。

· 洋蔥乳酪烤蛋（B1：30）
· 早餐的肉類（B1：11）

豐盛早午餐的手作菜單

如果你做了香蕉麵包、切點鳳梨，而且前一天晚上為香腸準備了燈籠椒和洋蔥，就可以睡得飽飽，等到太陽曬屁股再把所有材料組合起來。

· 切鳳梨（B5：59）
· 洋蔥乳酪烤蛋（B1：30）
· 燈籠椒炒肉腸（B4：34）
· 燒烤或炙烤番茄（B3：66）
· 香蕉麵包（B5：26）

在家用午餐的手作菜單

只要可以搭配沙拉，就一定不會錯。也可以只做一大碗沙拉或熱湯之類的。

· 青花菜肉腸義大利麵（B3：20）
· 碎丁沙拉（B1：84）
· 一條好麵包（B5：10）

或下列這一組……

· 味噌湯（B2：54）
· 亞洲風味沙拉（B1：79）
· 原味的蕎麥麵或烏龍麵條（B3：28）

一群人共進午餐的手作菜單

舉辦午餐派對的壓力會比為一群人準備豪華晚宴還要小，特別是對新手主廚來說，但可以同樣令人讚歎。所有菜餚（甚至捲心菜沙拉）都可以在一、兩天前準備好，需要的話再重新加熱。這一餐可以讓大家坐著享用，也可以採取自助形式。

· 香料植物蘸醬（B1：46）
· 藍紋乳酪焗烤花椰菜（B3：86）
· 烘烤燈籠椒（B1：66）
· 鷹嘴豆，普羅旺斯風味（B3：94）
· 軟透大蒜燉雞肉（B4：68）
· 奶油餅乾（B5：54）

兩個人野餐的手作菜單

很棒的野餐只需要一個保冰桶就夠了。如果野餐地點不遠，甚至連保冰桶都不需要。我喜歡讓野餐很隨意，但是氣氛要好，所以請帶真正的盤子、玻璃杯、叉子、紙巾，並準備桌布或鋪巾，鋪在野餐桌或地面上。如果是臨時的小型野餐，隔夜菜是最好的方法。假如你不想準備這整套菜單，可以用手邊現有的東西取代，有什麼就吃什麼。

- 烤雞肉塊，吃冷食（B4：66）
- 地中海馬鈴薯沙拉（B1：98）
- 燕麥巧克力脆片餅乾（B5：52）

辦公室午餐的手作菜單

帶前一天做的隔夜菜，沒有什麼比這個更棒。

每日晚餐的手作菜單

不必做得比午餐更豪華或更豐富。也許可以加上點心。

- 雞肉片佐快煮醬汁（B4：58）
- 迷迭香烤馬鈴薯（B3：64）
- 清蒸蘆筍（B3：60）
- 桃子（或其他水果）脆餅（B5：60）

每日蔬食晚餐的手作菜單

現在很多人開始試著一週至少騰出一晚不吃肉，這真的不難做到！

- 西班牙風味小扁豆配菠菜（B3：96）
- 米飯（B3：34）
- 楓糖漿蜜汁胡蘿蔔（B3：68）
- 覆盆子雪酪（B5：70）

室內烤肉派對的手作菜單

隆冬時分讓家裡充滿夏日氣息是最棒的。邀請一些人來家裡，辦場派對吧！

- 快速酸漬黃瓜（B1：56）
- 辣味捲心菜沙拉（B1：88，把食譜放大成2倍的量）
- 煙燻紅豆湯（B2：60）
- 炭烤豬肋排（B4：42）
- 玉米麵包（B5：24）
- 椰子千層蛋糕（B5：76）

義式麵食派對的手作菜單

我不是很喜歡把義式麵食做成沙拉，因為冷的時候嚼起來有點累。不過有些義式麵食在常溫下非常美味，所以這套菜單很適合用來宴客。策略是這樣的：前幾天預先烤好餅乾；一天前把義式千層麵的材料組合起來，並預先準備好所有蔬菜，全部放進冰箱冷藏。客人預計到達的1小時前把義式千層麵從冰箱裡拿出來；煎蘑菇，把烤盤放入烤箱。趁著烤千層麵時，準備好其他義式麵食，並拌些沙拉。然後以熱騰騰的千層麵為主菜，其他菜餚當「配菜」。

- 凱薩沙拉（B1：86，需要的話，食譜分量可增至2或3倍）
- 肉醬千層麵（B3：26）
- 青醬全麥義大利麵（B3：22）
- 青花菜義式麵食（B3：21）
- 煎煮蘑菇（B3：70）
- 榛果口味的義式脆餅（B5：58）

家常煎魚的手作菜單

非常適合週六的晚餐，或任何一天的晚餐也很棒。別出心裁的亞洲風味也讓這一餐格外適合聚餐。

- 酥脆芝麻魚片（B2：18）
- 生薑炒甘藍（B3：62）
- 米飯（B3：34）
- 爐煮布丁（B5：66）

餐廳水準的晚餐派對手作菜單

有好幾種形式可以選擇，不妨從最複雜的開始：一道道菜陸續上桌，一盤裝1人份。也可以採取家庭聚餐形式。或設置成自助取餐方式。

- 義式烤麵包（B1：58~61）
- 輕拌蔬菜沙拉（B1：78）
- 香料植物烤豬肉（B4：38）
- 蘑菇玉米糊（B3：52）
- 酥脆紅蔥四季豆（B3：78）
- 巧克力慕斯（B5：68）

雞尾酒派對的手作菜單

把預先做好的食物擺成豐盛的自助餐形式，看起來是最簡單的方法，而且菜餚的數量也可以很有彈性。就讓每道菜的分量幫助你們估計可以讓多少人吃飽，需要的話可以把食譜的分量變成2、3、4倍，然後把所有菜餚的份數加總起來，於是你準備的總量會比全部的人數稍微多一點。

舉例來說，如果你邀請20人，則預估的總量是30份。不需要讓每一道菜都足夠所有人吃，假如你很有雄心壯志（而且樂於忙個不停），不妨做些一直要待在廚房裡看著的菜，讓客人到處閒逛。

- 甜熱堅果（B1：43）
- 義式開胃菜，依照你的喜好組合搭配（B1：38）
- 魔鬼蛋（B1：62）
- 鑲料蘑菇（B1：68）
- 烘烤奶油鮭魚（B2：20）
- 辣醬油亮烤雞翅（B4：65）
- 油炸甘薯餡餅（B1：72）
- 布朗尼蛋糕（B5：48）

極簡烹飪技法速查檢索

如果擁有一整套的《極簡烹飪教室》，當你需要更熟練某一種技巧，或是查詢某食材的處理方法，便可從本表反向查找到遍布全系列各冊中，列有詳細解說之處。

準備工作

清洗
基礎課程 S:22
沙拉用的青菜 B1:77
穀類 B3:34,44
豆類 B3:90

握刀的方法
基礎課程 S:23

修整
同時參考下一頁的「準備蔬菜」
基礎課程 S:24 / B5:58
從肉塊切下脂肪 B4:48

去核
基礎課程 B1:48,88 /
B5:58

削皮
同時參考下一頁的「準備蔬菜」
基礎課程 S:25 / B5:61

去籽
基礎課程 B1:52 / B5:61

刀切
同時參考「準備蔬菜」和「準備水果」對於切法、切成小塊和切片的詳細描述
基礎課程 S:26
肉類切成小塊 B4:24,46
雞肉切成小塊 B4:60,66

雞翅 B4:64
剁開整隻雞 B4:80
魚切成魚片 B2:14

切成小塊
基礎課程 S:27
洋蔥 S:27
堅果 S:27

切碎
基礎課程 S:28
大蒜 S:28
辣椒 B4:22
薑 B3:62

切片
基礎課程 S:29
把帕瑪乳酪刨成片 B1:96
把蔬菜刨成片 B1:96

肉類
切向與肉質紋理垂直 B4:16,27
頂級肋眼（從骨頭切下） B4:20
豬肉 B4:38
羊腿 B4:49
切開烤火雞 B4:85
麵包 B5:10

切絲
基礎課程 B1:89

刨碎

乳酪 B3:14
用手刨碎蔬菜 B3:30,80
食物調理機刨絲 B1:89

絞肉
肉類 B4:14
蝦子或魚 B2:36
麵包粉 B5:14

測量
基礎課程 S:30,31

調味
基礎課程 S:20
蔬菜 B3:56
直接在鍋子裡 B3:65 / B4:36
肉塊 B4:20,42
炒香辛香料 S:21
雞皮下面 B4:67
為漢堡排、肉餅和肉丸調味的混合物 B4:14,30
剁碎番紅花 B4:72

準備蔬菜
蘆筍 B3:60
酪梨 B1:52
燈籠椒 B1:85
青花菜 B3:20
甘藍 B1:88
胡蘿蔔 B1:84 / B3:68
花椰菜 B3:86
芹菜 B1:44,84
辣椒 B4:22
玉米 B2:70 / B3:76

小黃瓜 B1:56,85
切碎堅果 S:27
茄子 B3:84
小茴香 B1:96
大蒜 S:28 / B3:87
薑 B3:62
四季豆 B3:78
可以烹煮的青菜 B2:74 / B3:58
沙拉用的青菜 B1:77
蘑菇 B1:68 / B3:52,70
洋蔥 S:27 / B3:72
馬鈴薯 B3:64
青蔥 B4:41
甘薯 S:26 / B1:72 / B3:80
番茄 B1:48 / B3:66
冬南瓜 B3:82

準備水果
基礎課程 B5:58
蘋果 B5:82
切碎堅果 S:27

準備香料植物
從莖上摘取葉子 B1:46 / B2:51 / B3:22
切碎 B1:46

準備肉類
修整脂肪 S:24 / B4:48
從骨頭切下肉 B2:61,64 / B4:79
把肉切塊 B4:24,46
切成翻炒用的肉片 B4:16

把牛排擦乾 B4:12
為肉類調味 S:20 / B4:20,36,38

準備家禽肉
修整脂肪 B4:52
把雞肉擦乾 B4:52
捶打無骨雞肉 B4:54
把雞肉切塊 B4:56,62
從雞皮底下調味 B4:67
把雞翅切開 B4:64
剁開整隻雞 B4:80

準備海鮮
切魚片 B2:14
蝦子剝殼 B2:26
修整整條魚 B2:22
去除貝類的鬚唇 B2:34

為烹煮食物沾裹麵衣
沾裹麵粉 B1:71 / B3:85 / B4:58,74 / B2:22
沾裹麵包粉 B3:85 / B4:60 / B2:15
沾裹奶蛋糊 B2:40

烹飪技巧

水煮
基礎課程 S:32
水中加鹽 B1:12 / B3:10
蛋 B1:19
義式麵食 B3:10
蔬菜 B3:58

熬煮或溫和冒泡
基礎課程 S:33
煮沸牛奶 B3:24
蛋 B1:18,24
穀類 B3:34,44,48
急速冷卻蔬菜 B3:78
烹煮豆類 B3:90,94,98
煨燉肉類 B4:24,26,36,46
煨燉雞肉和火雞肉
B4:68,70,72,88
雞肉清湯 B4:78
煨燉魚類 B2:18

清蒸
基礎課程 S:35
蘆筍 B3:60
玉米 B3:76
魚類 B2:20
蝦蟹貝類 B2:34

過濾和瀝乾
壓掉水分 B1:72,93 /
B2:63
沙拉用的青菜 B1:77
湯 B2:63,65
義式麵食 B3:10
烹煮用的青菜 B3:59
穀類和豆類 B1:92 /
B3:34,44,91
油炸之後 B1:72 /
B3:84,88 / B3:31,78

急速冷卻
準備冰塊水 B1:19
蔬菜 B3:78

加熱鍋子
乾鍋 B1:34 / B4:44
鍋中有油 B3:101

翻炒 B4:16
油煎 B2:23

煎炒
基礎課程 S:36
一邊煎一邊旋轉 B4:59
出水 S:36 / B2:74
炒香米飯和穀類
B3:36,48
蔬菜收縮 B1:28
蔬菜 B3:70
大蒜 B3:12
洋蔥 B3:72
肉類 B4:34,36
雞肉 B4:58
海鮮 B2:26

翻炒
基礎課程 S:37
蔬菜 B3:62
牛肉 B4:16
豬肉 B4:32
雞肉 B4:56
蝦子 B2:28

燒炙或褐變
基礎課程 S:38
美式煎餅 B1:35
煮湯的食材 B2:46,67
牛排和肉排 B4:12,37,44
乾鍋煮肉 B4:44
燉煮和煨燉的肉類
B4:25,46
大塊肉類 B4:26
牛絞肉 B4:22
漢堡排、豆堡排、蟹餅
和蝦堡排 B1:71 / B4:15 /
B2:37
雞肉 B3:42 / B4:68
干貝 B2:30

溶解鍋底褐渣
基礎課程 B2:67
在平底煎鍋內 B4:59
在烤肉盤內 B2:67

增稠
用麵粉和奶油 B2:71
用玉米澱粉 B2:76
用馬鈴薯 B2:79 / B4:26
讓液體變少 B3:16 /
B4:23,40

煨燉
基礎課程 S:39
蔬菜 B3:68,82
牛肉 B4:24,26
雞肉 B4:68,70
火雞肉 B4:88

烤
麵包 B1:58
堅果 B1:43
辛香料 S:21
穀類 B3:36,48

烘焙
基礎課程 S:40
為烤模塗油和撒麵粉
B5:26,28,48,76
分離蛋黃和蛋白 B5:68
把乾料和濕料混合在一
起 B5:24
處理酵母麵團
B5:36,38,42
滾動麵團 B5:40,42,82
在烤模內鋪好奶蛋糊
B5:24,74,76
用奶油點綴 B3:25
烤蛋 B1:30
烤魚 B2:14

烘烤
基礎課程 S:41
為湯頭烤骨頭 B2:67
根類蔬菜 B3:64
燈籠椒 B1:66
肉類 B4:20,38,42,48
家禽肉 B4:60,64,76,84
魚類 B2:20
用快速測溫的溫度計查
看熟度 B4:20

燒烤和炙烤
基礎課程 S:42,43
番茄 B3:66
牛肉 B4:12,14,18
雞肉 B4:54,62,66,80
海鮮 B2:12,33,36

油煎
基礎課程 S:44
仔細觀察鍋裡的油脂
B4:70
早餐的肉類 B1:11
茄子 B3:84
雞肉 B4:74
魚類 B2:22
墨西哥薄餅 B5:20

油炸
基礎課程 S:45
油炸餡餅 B1:72
烏賊 B2:40

攪打、混合和打發
打蛋 B1:20
打發蛋白 B5:68
混合沙拉醬 B1:78,82,90
製作泥狀物 B2:54,76 /
B5:64
把奶油混合到麵粉裡
B5:30,80
運用電動攪拌器 B5:52
揉捏 B5:30,32,38,40,42
包入 B4:14,28 /
B5:26,29,32,69
輕拌 B1:79 / B3:11
打發奶油 B5:26,72
發泡鮮奶油 B5:73
打成軟性發泡 B5:73
打成硬性發泡 B5:68

搗壓
酪梨 B1:53
全熟水煮蛋 B1:62
馬鈴薯 B3:74
豆類 B2:58

打成泥狀
果昔 B1:16
湯 B2:47
西班牙冷湯 B2:48
青醬 B3:22
豆類 B2:58
鷹嘴豆泥醬 B1:54
水果和雪酪 B5:70

融化
奶油 B1:40
巧克力 B5:48,68

撈除
從液體撈除浮油 B2:65

辨識熟度
蛋 B1:19
義式麵食 B3:11
米飯 B3:34
穀類 B3:44,49
義式粗玉米粉 B3:53
蔬菜 B3:56
豆類 B3:91,94,98
牛肉 B4:10
豬肉 B4:30
肉腸，燈籠椒炒肉腸
B4:34
雞肉 B4:55,75
魚類 B2:10,12,19,20,23
蝦子 B2:27
蛤蜊或貽貝 B2:35
牡蠣 B2:39
龍蝦 B2:43
麵包 B5:27,37
餅乾 B5:53
蛋糕 B5:74
派 B5:79

重要名詞
中英對照

「勒皮」法國小綠扁豆
　　　　　green French "Le Puy" lentil

三仙膠	xanthan gum
千層麵	lasagne
大果南瓜	pumpkin
小米 (粟)	millet
五花肉	pork belly
日本南瓜	kabocha squash
木豆	pigeon pea
毛豆	edamame
牛肝菌	porcini

以色列庫斯庫斯
　　　　　Israeli cousous (pearl couscous)

冬粉	bean thread
半熟	parboiling
瓜爾膠	guar gum
瓦倫西亞米	Valencia
白脫乳	buttermilk
白蘇維翁	Sauvignon Blanc
印度香米	basmati rice
灰皮諾	Pinot Grigio
米粉	rice vermicelli/rice noodle/rice stick
西班牙辣肉腸	chorizo
西班牙燉飯	paella
刨刀	microplane
刨絲盤	grating disk
李子番茄	plum tomato

佩科利諾羅馬諾乳酪 （羅馬綿羊乳酪）
　　　　　Pecorino Romano cheese

抱子甘藍	brussels sprout
河粉	flat rice noodle
波特貝羅大香菇	Portobello mushroom
波蘭蒜味燻腸	kielbasa
金線瓜	spaghetti squash
阿勃瑞歐米	Arborio
青江菜	bok choy
青花菜	broccoli floret
青辣椒	green chile
皇帝豆	lima bean
紅辣椒末	red pepper flake
食用化製澱粉	food starch
香味飯	pilaf
泰式炒河粉	pad Thai
泰國香米	jasmine rice
烏龍麵	udon noodle
烘焙紙	parchment paper
素麵	somen noodle
迷你紅蘿蔔	baby carrot
帶果香的	fruity
球花甘藍	broccoli rabe
粗玉米粒	hominy
蛋乳酪培根醬	carbonaras sauce
野米	wild rice
魚露	fish sauce/nam pla
麥仁	wheat berry
番紅花	saffron
黑眼豆	black-eyed pea
塌棵菜	tatsoi
煙花女醬汁	puttanesca sauce
義大利尖管麵	penne
義大利貝殼麵	shell pasta
義大利細扁麵	linguine
義大利棕蘑菇	cremini/baby portabellas
義大利短麵	cut pasta
義大利圓管麵	ziti
義大利管狀麵	rigatoni
義大利蝴蝶麵	farfalle/bow tie
義大利燉飯	risotto
義大利貓耳朵麵	orecchiette
義大利螺旋麵	corkscrew pasta
義大利麵條	spaghetti
義式粗玉米粉	polenta
義式通心粉	macaroni
跳躍約翰	hoppin' John
蜜汁	glaze
辣番茄醬	arrabbiata
墨角蘭	marjoram
彈牙	al dente
德州香米	Texmati
蔓越莓豆	cranberry bean
褐扁豆	brown lentil
調和奶油	compound butter
橡實南瓜	acorn squash
蕎麥	buckwheat
蕎麥麵	soba noodle
壓馬鈴薯泥器	ricer
薑黃	turmeric
雞大腿	thigh
羅馬番茄	roma tomato
羅望子	tamarind
糯米	sticky rice
蠶豆	fava bean

換算測量單位

必備的換算單位

體積轉換為體積

3 茶匙	1 大匙
4 大匙	¼ 杯
5 大匙加 1 茶匙	¹/³ 杯
4 盎司	½ 杯
8 盎司	1 杯
1 杯	240 毫升
2 品脫	960 毫升
4 夸特	3.84 升

體積轉換成重量

¼ 杯液體或油脂	56 克
½ 杯液體或油脂	112 克
1 杯液體或油脂	224 克
2 杯液體或油脂	454 克
1 杯糖	196 克
1 杯麵粉	140 克

公制的概略換算

測量單位

¼ 茶匙	1.25 毫升
½ 茶匙	2.5 毫升
1 茶匙	5 毫升
1 大匙	15 毫升
1 液盎司	30 毫升
¼ 杯	60 毫升
¹/³ 杯	80 毫升
½ 杯	120 毫升
1 杯	240 毫升
1 品脫（2 杯）	480 毫升
1 夸特（4 杯）	960 毫升（0.96 升）
1 加侖（4 夸特）	3.84 升
1 盎司（重量）	28 克
¼ 磅（4 盎司）	114 克
1 磅（16 盎司）	454 克
2.2 磅	1 公斤（1,000 克）
1 英寸	2.5 公分

烤箱溫度

描述	華氏溫度	攝氏溫度
涼	200	90
火候非常小	25	120
小火	300–325	150–160
中小火	325–350	160–180
中火	350–375	180–190
中大火	375–400	190–200
大火	400–450	200–230
火候非常大	450–500	230–260

How to Cook Everything the Basics:
All You Need to Make Great Food

《極簡烹飪教室》
系列介紹

人人皆知在家下廚的優點，卻難以落實於生活中，讓真正的美好食物與生活同在。這其實都只是欠缺具組織系統的教學、富啟發性的點子，以及深入淺出的指導，讓我們去發掘自己作菜的潛能與魔力。《極簡烹飪教室》系列分有 6 冊，在這 6 冊中，將可以循序漸進並具系統性概念，且兼顧烹飪之樂與簡約迅速的原則，從 185 道經典的跨國界料理出發，實踐邊做邊學邊享受的烹飪生活。

— Book 1 —
早餐、點心與沙拉
44 道難度最低的早餐輕食，起步學作菜。

極簡烹飪教室 1：早餐、點心與沙拉
Breakfast, Appetizers and Snacks, Salads
ISBN 978-986-92039-7-5 定價 250

— Book 2 —
海鮮、湯與燉煮類
30 道快又好做的料理，穩扎穩打建立自信心。

極簡烹飪教室 2：海鮮、湯與燉煮類
Seafood, Soups and Stews
ISBN 978-986-92039-8-2 定價 250

—— Book 3 ——

米麵穀類、蔬菜與豆類

37 道撫慰人心的經典主食，絕對健康營養。

極簡烹飪教室 3：米麵穀類、蔬菜與豆類
Pasta and Grains, Vegetables and Beans
ISBN 978-986-92039-9-9 定價 250

—— Book 5 ——

麵包與甜點

收錄 35 道經典百搭的可口西點。

極簡烹飪教室 5：麵包與甜點
Breads and Desserts
ISBN 978-986-92741-1-1 定價 250

—— Book 4 ——

肉類

35 道風味豐富的進階料理，準備大展身手。

極簡烹飪教室 4：肉類
Meat and Poultry
ISBN 978-986-92741-0-4 定價 250

—— 特別冊 ——

廚藝之本

新手必備萬用指南，打造精簡現代廚房。

極簡烹飪教室：特別本
Getting Started
ISBN 978-986-92741-2-8 定價 120

極簡烹飪教室 3　米麵穀類、蔬菜與豆類

How to Cook Everything The Basics:
All You Need to Make Great Food
— Pasta and Grains, Vegetables and Beans

作者	馬克・彼特曼 Mark Bittman
譯者	王心瑩
編輯	郭純靜
副主編	宋宜真
行銷企畫	陳詩韻
總編輯	賴淑玲
封面設計	謝佳穎
內頁編排	劉孟宗
社長	郭重興
發行人	曾大福
出版總監	曾大福
出版者	大家出版
發行	遠足文化事業股份有限公司
	231 新北市新店區民權路 108-4 號 8 樓
	電話 (02)2218-1417　傳真 (02)8667-1851
	劃撥帳號 19504465　戶名 遠足文化事業有限公司
法律顧問	華洋法律事務所　蘇文生律師
定價	250 元
初版	2016 年 3 月

HOW TO COOK EVERYTHING THE BASICS:
All You Need to Make Great Food-With 1,000 Photos by Mark Bittman
Copyright © 2012 by Double B Publishing
Photography copyright © 2012 by Romulo Yanes
Published by arrangement with Houghton Mifflin Harcourt Publishing Company
through Bardon-Chinese Media Agency
Complex Chinese translation copyright © 2016
by Walkers Cultural Enterprises Ltd. (Common Master Press)
ALL RIGHTS RESERVED

國家圖書館出版品預行編目 (CIP) 資料

極簡烹飪教室 . 3, 米麵穀類、蔬菜與豆類 / 馬克・彼特曼 (Mark Bittman) 著，王心瑩譯 .
— 初版 . — 新北市 : 大家出版 : 遠足文化發行, 2016.03
面；公分；譯自：How to cook everything the basics : all you need to make great food
ISBN 978-986-92039-9-9(平裝)
1. 麵食食譜　2. 蔬菜食譜
427.1　　104029145